科学のアルバム

ホタル 光のひみつ

栗林　慧

あかね書房

もくじ

監修●大場信義
構成●七尾　純
写真提供●大場信義
羽根田彌太
古田忠久
イラスト●森上義孝
渡辺洋二
林　四郎
装丁●画　工　舎

科学のアルバム

ホタル　光のひみつ

栗林　慧（くりばやし　さとし）

一九三九年、旧満州《まんしゅう》（現在《げんざい》の瀋陽《シェンヤン》）に生まれる。幼児期《ようじき》に日本に引き揚《あ》げ、長崎《ながさき》県田平町の海に面した豊《ゆた》かな自然《しぜん》の中で育つ。子どものころより動植物に興味《きょうみ》をもち、写真を志《こころざ》し、生態《せいたい》写真家となる。とくに、昆虫の生態や動植物の高速で動くようすを写しとめることを得意《とくい》とし、その制作《せいさく》活動と作品は高く評価《ひょうか》され、伊奈信男賞や日本写真協会《きょうかい》新人賞、同年度賞、西日本文化賞などを受賞した。現在《げんざい》は、ビデオを用いた生態映像《えいぞう》作家としても活躍《かつやく》している。著書《ちょしょ》に「源氏蛍《げんじぼたる》」（ネーチャー・ブックス）、「昆虫の飛翔《ひしょう》」（平凡社）、写真集「沖縄《おきなわ》の昆虫」（学習研究社）など多数ある。

初夏《しょか》の谷川《たにがわ》を、
光《ひか》りながら飛《と》びかうホタル。
その光《ひかり》には、どんな
ひみつがあるのでしょう。

●光《ひかり》をともしながら、いまにも飛《と》びたとうとしているゲンジボタルのおす。

※この本《ほん》にでてくるゲンジボタルは大分県《おおいたけん》で観察《かんさつ》したものです。地方《ちほう》によって成虫《せいちゅう》の出現《しゅつげん》する時《じ》期《き》がちがいます。北《きた》へいくほどおそくなります。

⬆午後《ごご》7時《じ》30分《ぷん》。夕《ゆう》ぐれの川岸《かわぎし》のやぶの中《なか》で、ゲンジボタルが一つ二つと光《ひか》りはじめました。

夜空《よぞら》への飛《と》びたち（五月《がつ》下《げ》旬《じゅん》〜六月《がつ》下《げ》旬《じゅん》）

ここは、まわりを山《やま》にかこまれた静《しず》かな谷川《たにがわ》です。日《ひ》がしずみ、あたりはしだいに暗《くら》くなってきました。

午後《ごご》七時《じ》三十分《ぷん》。川岸《かわぎし》のあちこちのやぶの中《なか》で、小《ちい》さな光《ひかり》がついたり消《き》えたり。

やがてその光《ひかり》が飛《と》びたちました。

今夜《こんや》もまた、ゲンジボタルの活動《かつどう》がはじまったのです。

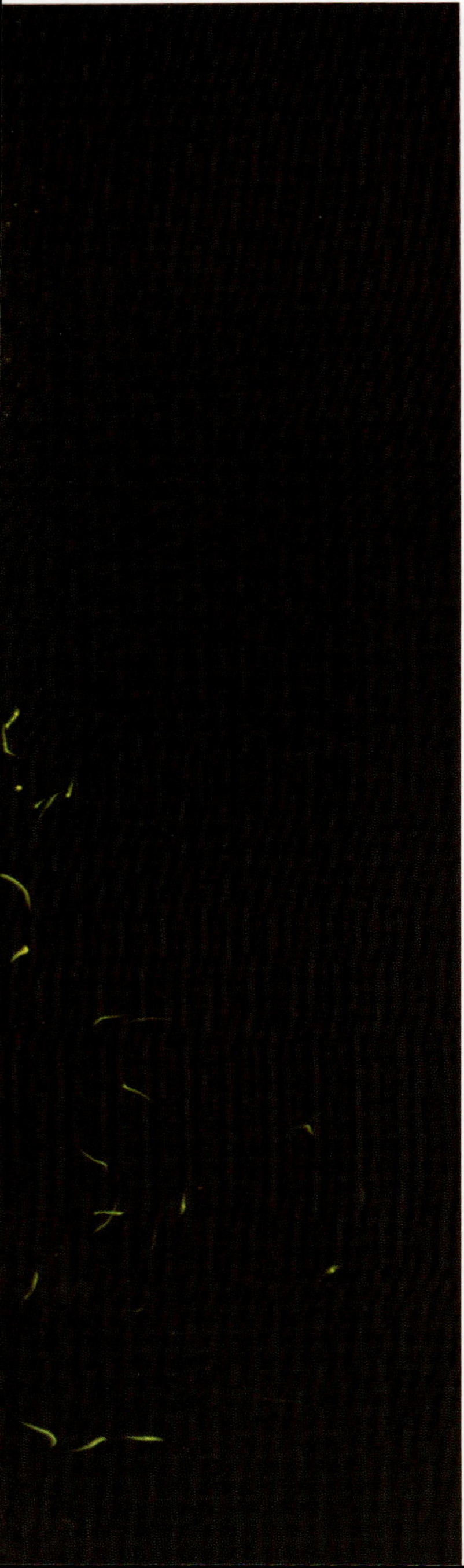

↓午後《ごご》8時《じ》。川《かわ》の流《なが》れにそって，光《ひか》りながら飛《と》ぶゲンジボタル。長時間露出《ちょうじかんろしゅつ》して写《うつ》したため，飛《と》んだり動《うご》いたりしたホタルの光《ひかり》が線《せん》になっています。めすはおすより10日《か》ほどおくれてあらわれるので，はじめのころ飛《と》んでいるのは，ほとんどおすです。

ゲンジボタルのおすを15ひきつかまえて，かごにいれました。暗《くら》やみでも楽《らく》に本《ほん》が読《よ》める明《あか》るさです。

光《ひか》りながら飛《と》びはじめたゲンジボタルは、時《じ》間《かん》がたつにつれてしだいにその数《かず》をましていきます。

そして、午《ご》後《ご》八時《じ》三十分《ぷん》ごろには、川《かわ》全《ぜん》体《たい》が飛《と》びまわる光《ひかり》でいっぱいになってしまいました。これから約《やく》一時《じ》間《かん》ぐらいのあいだが、もっとも多《おお》くのゲンジボタルが飛《と》びまわるときです。

↓飛《と》びかうゲンジボタルの光《ひかり》と，橋《はし》の上《うえ》からホタルを見物《けんぶつ》する人《ひと》びと。

ホタルは月明《つきあか》りのない暗《くら》い夜《よる》で，気温《きおん》が高《たか》く，くもった風《かぜ》のない日《ひ》によく飛《と》びかいます。もっともたくさん活動《かつどう》するのは，午後《ごご》8時《じ》30分《ぷん》～9時《じ》30分《ぷん》ごろまでのあいだですが，このほか午前《ごぜん》0時前後《じぜんご》と，午前《ごぜん》3時前後《じぜんご》にも活動《かつどう》する時間帯《じかんたい》があります。

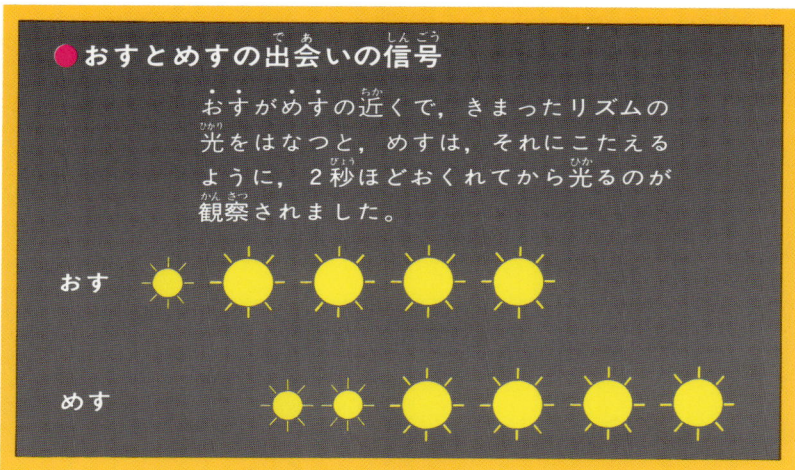

おすとめすの出会《であ》いの信号《しんごう》

おすがめすの近《ちか》くで，きまったリズムの光《ひかり》をはなつと，めすは，それにこたえるように，2秒《びょう》ほどおくれてから光《ひか》るのが観察《かんさつ》されました。

➡葉《は》の上《うえ》にとまって光《ひか》るゲンジボタルのめす。川《かわ》の上《うえ》を飛《と》びまわっているのはおすの群《む》れです。

⬇ゲンジボタルのおす(左《ひだり》)とめす(右《みぎ》)。めすの発光器《はっこうき》は腹部《ふくぶ》の先《さき》から数《かぞ》えて二節目《せつめ》にありますが，おすは先《さき》から二節目《せつめ》までが発光器《はっこうき》です。体長《たいちょう》はおすが約《やく》15㎜，めすが約《やく》20㎜あります。

おすとめすの光《ひかり》の信号《しんごう》

ゲンジボタルはおすとめすとでは、その光《ひか》り方《かた》や、光《ひかり》の強《つよ》さがちがいます。強《つよ》く光《ひか》り、つけたり消《け》したり、光《ひかり》を明滅《めいめつ》させながら飛《と》びまわっているのがおすです。一方《いっぽう》、草《くさ》や木《き》の葉《は》の上《うえ》にじっととまって、弱《よわ》く光《ひか》っているのはたいていめすです。

おすは、めすの弱《よわ》い光《ひかり》をみつけると、飛《と》びながらちかづいていきます。そして、一段《いちだん》と明《あか》るく光《ひかり》

えだ先《さき》で光《ひか》っているめすをみつけて、交尾《こうび》をするために飛《と》んでいった数《すう》ひきのおすの光《ひかり》。めすの近《ちか》くまでいくと、きゅうにジグザグした飛《と》び方《かた》をするので、光《ひかり》の線《せん》がまがっています。

を明滅《めいめつ》させます。

するとめすも強《つよ》い光《ひかり》を明滅《めいめつ》させてこたえます。これがおすとめすの出会《であ》いの信号《しんごう》です。

おすは、めすの合図《あいず》をみつけると、いそいでめすのそばに飛《と》んでいき、やがて交尾《こうび》をします。


↓めすをみつけて飛《と》んでいったおすは，めすのすぐ近《ちか》くにとまると，そこから歩《ある》いてめすのところへいきます。そして交尾《こうび》をします。交尾《こうび》のあいだも，弱《よわ》くずっと光《ひか》りつづけています。

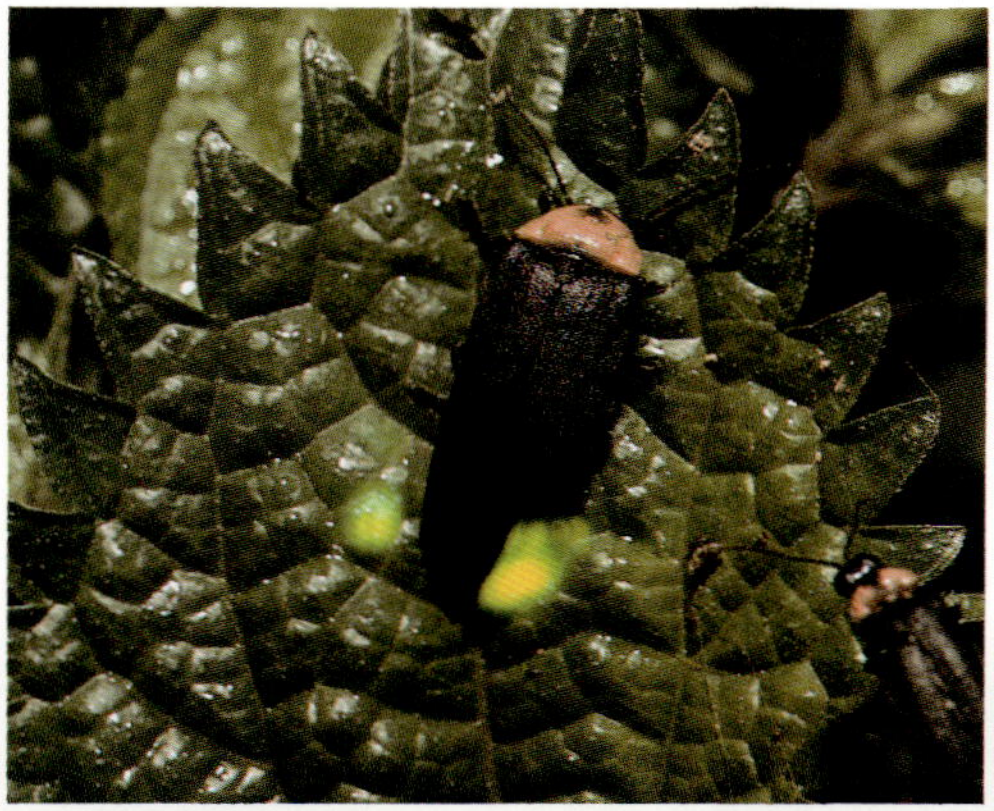

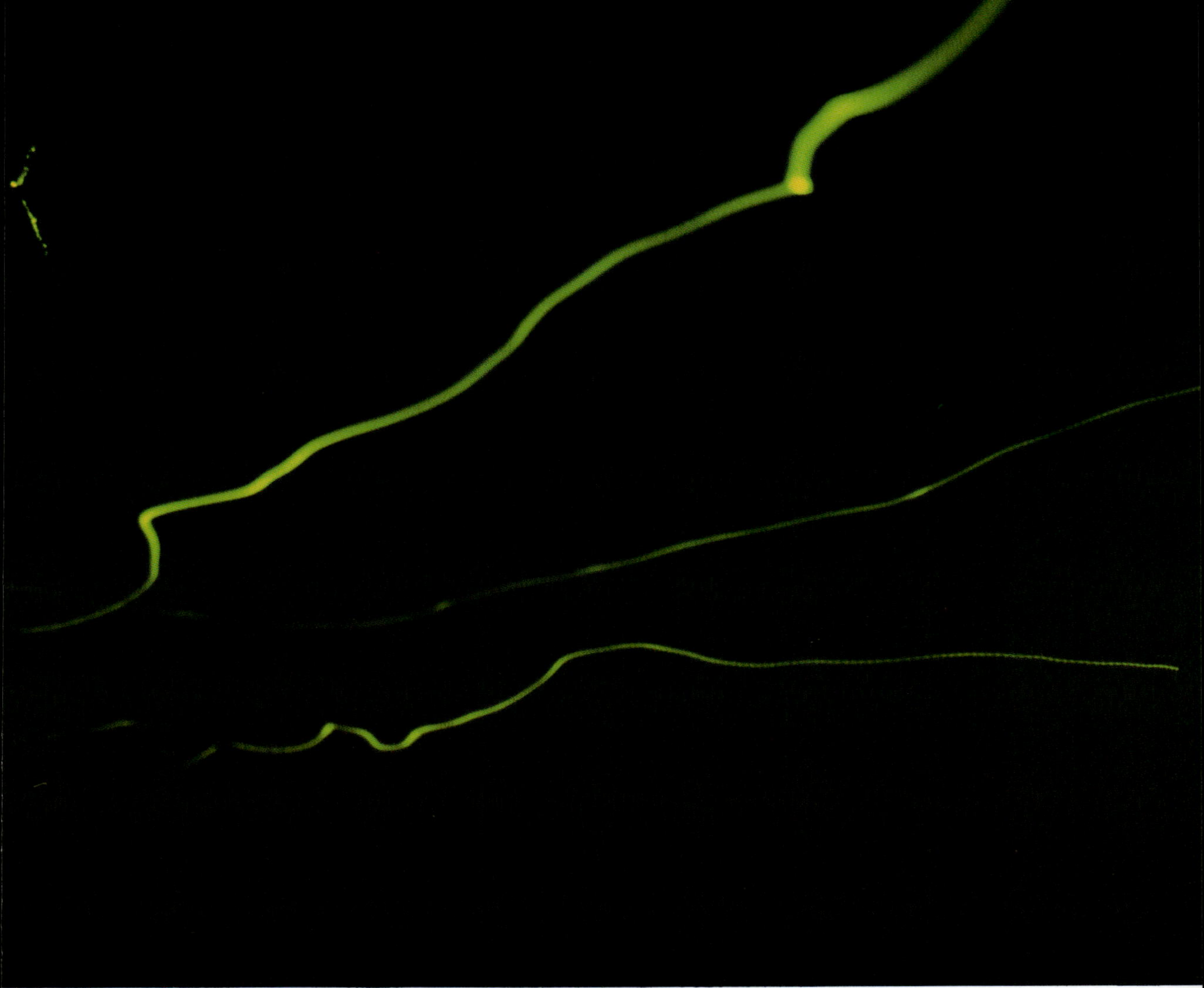

⬆産卵場所《さんらんばしょ》にあつまってくるめすの光《ひかり》。産卵《さんらん》をはじめると，めすの光《ひかり》はついたり消《き》えたりから強弱《きょうじゃく》の光《ひかり》にかわります。産卵中《さんらんちゅう》の光《ひかり》をみつけて，つぎつぎめすがあつまってきます。同《おな》じ場所《ばしょ》で何《なん》十ぴきもの集団《しゅうだん》になることがあります。交尾《こうび》まではあまり飛《と》ばなかっためすは，このころはさかんに飛《と》びます。

産卵《さんらん》

交尾《こうび》をおえためすは、四〜五日《にち》ほどたった夜《よる》、産卵《さんらん》をはじめます。

産卵《さんらん》中《ちゅう》のめすの光《ひかり》は、ゆっくり強弱《きょうじゃく》をくりかえしますが、消《き》えることはありません。その光《ひかり》を合図《あいず》のように、たくさんのめすがあつまり、産卵《さんらん》をはじめます。

↓水面《すいめん》にはりだした大木《たいぼく》の根《ね》もとでたまごをうむめすの群《む》れ。産卵《さんらん》は夜《よる》の11時《じ》ごろからはじまって，朝方《あさがた》までつづきます。

➡水《みず》べの岩《いわ》にはえているコケにたまごをうむめす。うす暗《ぐら》い場所《ばしょ》にあるコケでは、昼《ひる》までかかって産卵《さんらん》しているめすもいます。一ぴきのめすがうむたまごはおよそ五百個《ひゃっこ》。ときには千個《せんこ》ぐらいうむものもいます。一度《ど》に全部《ぜんぶ》うまず、数日《すうじつ》にわけてうみます。

産卵《さんらん》の場所《ばしょ》は、おもに川岸《かわぎし》の岩《いわ》や木《き》の根《ね》もとにはえているコケです。コケのある場所《ばしょ》は水分《すいぶん》が多《おお》く、ほとんど日光《にっこう》もあたらないので、たまごをかんそうからまもってくれます。

コケにびっしりとうみつけられたたまご。直径《ちょっけい》約《やく》0.5㎜。うみたてはやわらかですが，やがてからがかたくじょうぶになります。

しりの先《さき》から産卵管《さんらんかん》をだしてコケのしげみにさしこみ，左右《さゆう》に動《うご》かしながらつぎつぎにたまごをうんでいきます。

たまごをうんでいるうちに夜《よる》が明《あ》けてきます。明《あか》るくなって産卵《さんらん》がおわっためすは，暗《くら》いしげみへ飛《と》んでいって休《やす》みます。

たくさんのめすがあつまって産卵《さんらん》をしているようすは、まるで暗《くら》やみの中《なか》に、ふしぎな火《ひ》の玉《たま》がもえているようです。

➡命《いのち》がつきて，草《くさ》の根《ね》もとにおちて死《し》んでいるホタル。

⬇コガネグモの巣《す》にかかったホタル。体液《たいえき》を吸《す》われながらも，しばらくのあいだは光《ひか》りつづけています。

成虫《せいちゅう》の死《し》（六月《がつ》下《げ》旬《じゅん》）

ゲンジボタルの成虫《せいちゅう》の命《いのち》は、おすもめすもわずか二週間《しゅうかん》たらずです。めすが産卵《さんらん》をはじめるころには、ほとんどのおすは、力《ちから》つきて死《し》んでいきます。めすもたまごをうみおわると、やがて草《くさ》やぶの中《なか》などで、ひっそりと死《し》んでいきます。

さかんに活動《かつどう》しているあいだにも、クモやヒルなど、さまざまな敵《てき》におそわれて命《いのち》をおとすものがいます。

でも、こうして親《おや》のホタルが死《し》んでしまっても、うみつけられたたまごがのこっています。コケの水分《すいぶん》にまもられて、じょじょにふ化《か》のじゅんびがすすみます。

⬆産卵後約《さんらんごやく》20日《か》，ふ化《か》直前《ちょくぜん》のたまご。中《なか》に幼虫《ようちゅう》の姿《すがた》がすけてみえます。

⬆産卵後《さんらんご》まもないたまご。少《すこ》しぐらいのかんそうには平気《へいき》です。

⬇光《ひか》るたまご。ゲンジボタルはたまごのうちから光《ひか》ります。はじめはとても弱《よわ》い光《ひかり》ですが，日《ひ》がたつうちにだんだん強《つよ》い光《ひかり》になってきます。でも，成虫《せいちゅう》のようについたり消《き》えたりする光《ひかり》ではありません。

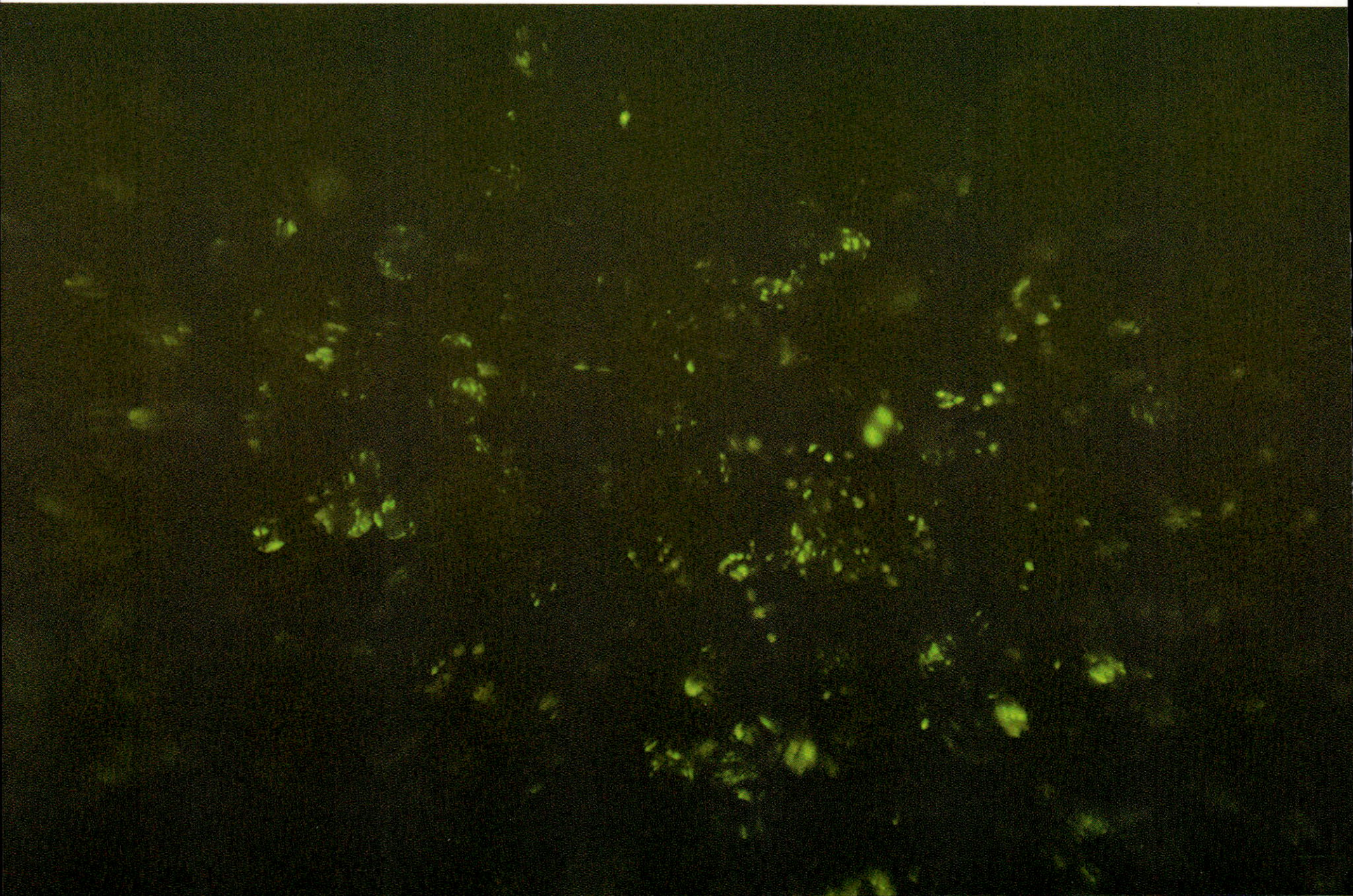

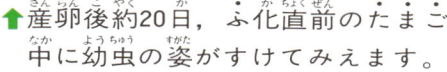

たまごの中《なか》で幼虫《ようちゅう》が動《うご》きはじめました。いよいよふ化《か》がはじまったようです。

するどいあごで，中《なか》からたまごのからをつきやぶって，幼《よう》虫《ちゅう》が頭《あたま》をだしました。

まるめていたからだをのばすようにして，幼虫《ようちゅう》が少《すこ》しずつでてきました。

幼虫《ようちゅう》の誕生《たんじょう》（七月《がつ》中旬《ちゅうじゅん》～下旬《げじゅん》）

産卵《さんらん》から約《やく》一か月《げつ》。不透明《ふとうめい》だったたまごの色《いろ》がだんだん透明《とうめい》になり、中《なか》の幼虫《ようちゅう》の頭《あたま》やからだのもようがすけてみえます。

夜《よる》になって、ときおりくるっと向《む》きをかえて動《うご》いていた幼虫《ようちゅう》が、とつぜんたまごの表面《ひょうめん》をつきやぶり、頭《あたま》をだしました。ゲンジボタルの幼虫《ようちゅう》（一令《れい》幼虫《ようちゅう》）の誕生《たんじょう》です。

ふ化《か》直後《ちょくご》の幼虫《ようちゅう》は、体長《たいちょう》がわずか一・五ミリメートルほどしかありません。たくさんの節《ふし》にわかれたからだ、それぞれの節《ふし》からでている足《あし》※のようなもの、とがった頭《あたま》、どこをみても、成虫《せいちゅう》の形《かたち》からは、想像《そうぞう》しにくい姿《すがた》です。

たまごからでると、すぐ、幼虫《ようちゅう》はジャンプする

※胸《むね》からでているのが足《あし》で、そのほかの節《ふし》からでているのはえらです。幼虫《ようちゅう》のからだについては22ページの図《ず》もみてください。

からだが半分《はんぶん》ほどでると，こんどは足《あし》をつかって，はいだしてきました。

ようにして水面《すいめん》におちていきます。幼虫《ようちゅう》の水中生《すいちゅうせい》活《かつ》のはじまりです。どれも水面近《すいめんちか》くに産卵《さんらん》の場所《ばしょ》がえらばれていたのは、ふ化《か》したばかりの幼虫《ようちゅう》がすぐに水中生活《すいちゅうせいかつ》をはじめられるからなのでしょう。

はいだした一令《れい》幼虫《ようちゅう》。ふ化《か》がはじまって，たまごから完全《かんぜん》にぬけでるまで約《やく》10〜30秒《びょう》。水面《すいめん》に近《ちか》いものは，すぐこぼれるように水面《すいめん》におちていきますが，産卵場所《さんらんばしょ》が水面《すいめん》から遠《とお》い場合《ばあい》は，幼虫《ようちゅう》は下《した》へ下《した》へ歩《ある》いていき，そのまま水《みず》にもぐります。ふ化《か》はむし暑《あつ》い夜《よる》に多《おお》いようです。

⬆小石《こいし》の下《した》にかくれる一令幼虫《れいようちゅう》。幼虫《ようちゅう》は，昼間《ひるま》は光《ひかり》や敵《てき》をさけて，暗《くら》い石《いし》のかげなどで，じっと身《み》をひそめています。

⬆水底《すいてい》を歩《ある》く一令幼虫《れいようちゅう》。川底《かわぞこ》の流《なが》れは弱《よわ》いので，水《みず》に流《なが》されてしまうことはないようです。

➡水面《すいめん》にうく一令幼虫《れいようちゅう》。幼虫《ようちゅう》は水中《すいちゅう》ではからだの横《よこ》についているえら（円《えん》内《ない》）で魚《さかな》のように呼吸《こきゅう》します。

水面《すいめん》から水底《すいてい》へ

水面《すいめん》におちた一令幼虫《れいようちゅう》のほとんどは、からだをまるめてしばらく水面《すいめん》にういたままです。ゆるやかな流《なが》れにのっていくうちに、幼虫《ようちゅう》はやがてからだをまげたりねじったりしはじめ、そうしているうちに、水底《すいてい》にゆっくりしずんでいきます。

なかには水面《すいめん》におちるとすぐ水底《すいてい》にもぐっていくものもいますが、そのまま川下《かわしも》に流《なが》されていってしまうものもいるようです。

こうして水底《すいてい》にたどりついた幼虫《ようちゅう》は、すぐに歩《ある》きはじめます。しかし、昼間《ひるま》は安全《あんぜん》な石《いし》の下《した》などにもぐりこんでじっとしています。幼虫《ようちゅう》は光《ひかり》のあたる明《あか》るい場所《ばしょ》がにがてです。

➡ゲンジボタルの幼虫《ようちゅう》がすむ川底《かわぞこ》には，たくさんのカワニナがすんでいます。夜《よる》になると，幼虫《ようちゅう》は石《いし》の下《した》などのかくれ家《が》をでて，カワニナをつかまえて食《た》べます。そのとき自分《じぶん》のからだの大《おお》きさにみあった貝《かい》を食《た》べます。

⬇カワニナの貝《かい》がらの中《なか》に頭《あたま》をつっこんで肉《にく》を食《た》べる2ひきの一令《れい》幼虫《ようちゅう》。おどろいたカワニナが，からの中《なか》にからだをかくしても，幼虫《ようちゅう》はふたたびでてくるのをまっています。

⬆水《みず》ぎわまでにげたカワニナ。幼虫《ようちゅう》は，えものが大《おお》きすぎると，ときどきにげられてしまいます。

⬆カワニナの貝《かい》がらにしがみついておそう幼虫《ようちゅう》。カワニナは，ふりほどこうと必死《ひっし》です。

幼虫《ようちゅう》の食《た》べもの

ゲンジボタルの幼虫《ようちゅう》の食《た》べものは、水底《すいてい》にすむ巻《ま》き貝《がい》、カワニナです。一令《れい》幼虫《ようちゅう》が食《た》べる貝《かい》は、からの直径《ちょっけい》が約《やく》二ミリメートルで、幼虫《ようちゅう》のからだと同《おな》じくらいの大《おお》きさです。

幼虫《ようちゅう》は、歩《ある》きまわっているうちにであったカワニナのすきをみて、いきなりやわらかいからだにかみつきます。おどろいたカワニナが、からだをからの中《なか》にひっこめても、幼虫《ようちゅう》のするどいあごは、カワニナのからだにくいついてはなれません。

幼虫《ようちゅう》は、口《くち》から消化液《しょうかえき》をだしてカワニナの肉《にく》をどろどろにとかし、それをジュースのようにしてすいこみます。

←三令《れい》幼虫《ようちゅう》の脱皮《だっぴ》。①脱皮《だっぴ》が近《ちか》づくと動《うご》かなくなる。②約《やく》5時間後《じかんご》，からだをまげたりのばしたりするうちに皮《かわ》にわれめができる。③白《しろ》いからだがあらわれる。④約《やく》3分《ぷん》後《ご》，からだをおこす。⑤まもなく歩《ある》きはじめる。⑥約《やく》12時間後《じかんご》，もようがあらわれる。ふつう脱皮《だっぴ》は石《いし》のすきまなどでおこないます。

●幼虫《ようちゅう》のからだのもようの変化《へんか》

胸《むね》の上《うえ》の黒《くろ》いもようは，一令《れい》から三令《れい》までは毎回《まいかい》かわりますが，三令以後《れいいご》はほとんどかわりません。

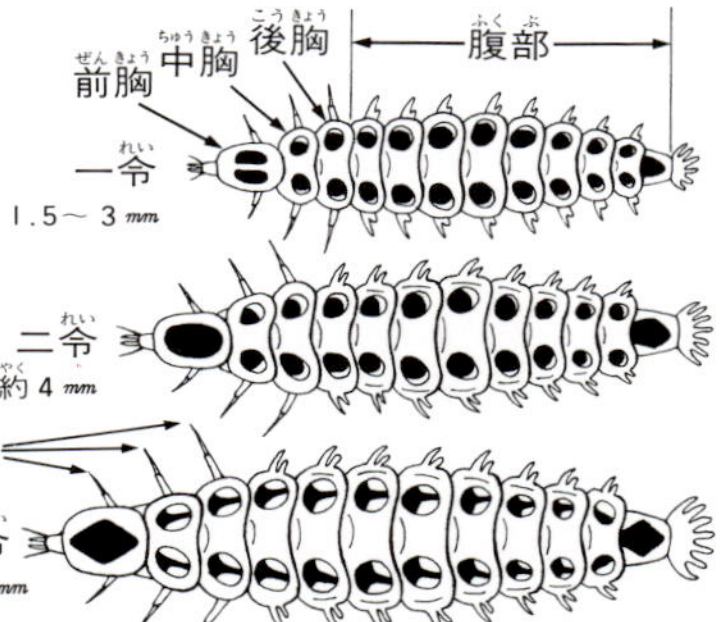

※皮《かわ》をぬぐたびに二令《れい》、三令《れい》と令数《れいすう》がふえていきます。

脱皮《だっぴ》

ふ化《か》してから一か月《げつ》ほどたつと、うすい灰《はい》かっ色《しょく》だった幼虫《ようちゅう》のからだの色《いろ》が、こい灰白色《はいはくしょく》にかわってきます。しばらくすると幼虫《ようちゅう》は動《うご》かなくなり、やがてからだのまげのばしをはじめます。すると、中胸《ちゅうきょう》のあたりにさけめができ、そこからまっ白《しろ》いからだがあらわれてきます。幼虫《ようちゅう》が第《だい》一回目《かいめ》の脱《だっ》皮《ぴ》をむかえたのです。

こうして幼虫《ようちゅう》は、六回《かい》の脱《だっ》皮《ぴ》をくりかえし、成《せい》長《ちょう》していきます。夏《なつ》にうまれたころ、一・五ミリメートルほどだった幼虫《ようちゅう》も、冬《ふゆ》にはほとんどが四回《かい》目《め》の脱《だっ》皮《ぴ》をおわり、一センチメートル以《い》上《じょう》になります。また、幼虫《ようちゅう》の胸《むね》の上《うえ》の黒《くろ》いもようも、脱《だっ》皮《ぴ》をしながらだんだんかわっていきます。

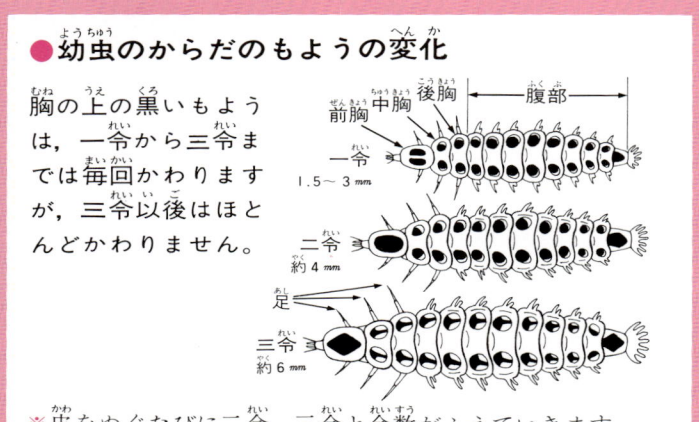

①

②

③

④

⑤

⑥

幼虫《ようちゅう》の頭《あたま》についているかぎ形《がた》の大《おお》あご。これでカワニナにかみつき，にげられないようにします。

白《しろ》い角《つの》（毒腺《どくせん》）をだした幼虫《ようちゅう》。毒腺《どくせん》からだす毒《どく》で，敵《てき》をおいはらうことができます。

身《み》をまもる幼虫《ようちゅう》

幼虫《ようちゅう》にとって水《みず》の中《なか》は、けっして安全《あんぜん》ではありません。幼虫《ようちゅう》は、昼《ひる》のあいだじっと水底《すいてい》の石《いし》の下《した》などで休《やす》み、夜《よる》になるとえもののカワニナをさがしにで歩《ある》きます。

カワニナをとらえると、幼虫《ようちゅう》はするどい大《おお》あごでかみついたまま、カワニナのからの中《なか》に頭《あたま》をつっこんで食《た》べつづけます。

しかし、一ぴきのカワニナを食《た》べおわるには数時間以上《すうじかんいじょう》もかかります。食事中《しょくじちゅう》の幼虫《ようちゅう》を、どんな敵《てき》がおそうかわかりません。そのため幼虫《ようちゅう》は、自分《じぶん》のからだをかならず石《いし》のあいだなどにかくします。するとそこには、カワニナの姿《すがた》があるだけで、まさか

←カワニナをつかまえた幼虫《ようちゅう》は，そのままカワニナをひきずってあとずさりしていきます。そしてしりから石《いし》のあいだにもぐりこみ，自《じ》分《ぶん》のからだをかくしてからカワニナを食《た》べはじめます。

ホタルの幼虫《ようちゅう》が食事中《しょくじちゅう》だとはみえません。もし、運悪《うんわる》く敵《てき》につかまってしまったときには、幼虫《ようちゅう》はからだの両側《りょうがわ》から毒《どく》のでる角《つの》をだして、身《み》をまもります。

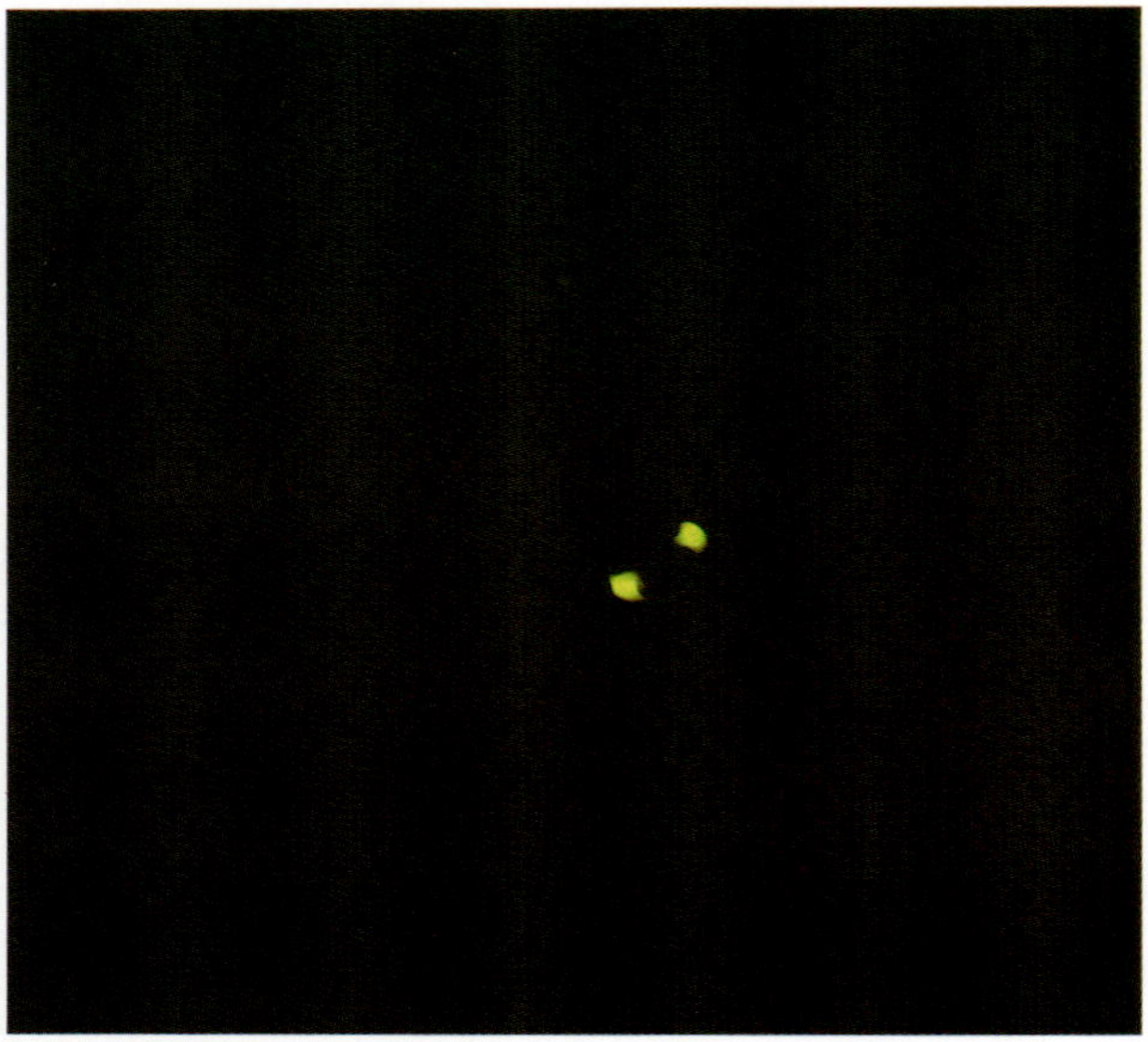

↑幼虫《ようちゅう》は，水中《すいちゅう》にいるあいだもときどき光《ひか》ることがあります。光《ひか》るところは，しりから二番目《ばんめ》の節《せつ》の両側《りょうがわ》です。

←幼虫《ようちゅう》は，昼《ひる》のあいだ水底《すいてい》の石《いし》の下《した》や砂《さ》れきの中《なか》にもぐりこんで休《やす》んでいます。この写真《しゃしん》は，幼虫《ようちゅう》がかくれている石《いし》をそっとのけて，そこで休《やす》んでいる幼虫《ようちゅう》のようすを写《うつ》したものです。

上陸《じょうりく》する幼虫《ようちゅう》（三月《がつ》中旬《ちゅうじゅん》〜四月《がつ》上旬《じょうじゅん》）

寒《さむ》い冬《ふゆ》もおわり、春《はる》がやってきました。このころの※幼虫《ようちゅう》は二・五センチメートルくらいの大《おお》きさに成長《せいちょう》していて、ほとんどえものをとろうとはしません。

幼虫《ようちゅう》は、昼間《ひるま》は石《いし》の下《した》で休《やす》み、夜《よる》になると川岸《かわぎし》の水面《すいめん》近《ちか》くまであがってきます。でも、夜《よる》があけるころになると、また石《いし》の下《した》にもどっていきます。こうして毎《まい》ばん同《おな》じことをくりかえします。

やがて雨《あめ》がふりはじめると、幼虫《ようちゅう》はそれをまっていたかのように、夜《よる》、つぎつぎと水《みず》からあがっていきます。上陸《じょうりく》した幼虫《ようちゅう》は、みんな光《ひか》りながら歩《ある》きだします。

⬆大《おお》きく成長《せいちょう》した幼虫《ようちゅう》は，夜《よる》になると川岸《かわぎし》の水面《すいめん》近《ちか》くまでやってきて，雨《あめ》がふる日《ひ》をじっとまちます。

⬆雨《あめ》がふった夜《よる》，水《みず》からでてきた幼《よう》虫《ちゅう》。水《みず》からでるときゅうに光《ひか》りだし，土《つち》のある方《ほう》へ歩《ある》きはじめます。

※五〜六令《れい》にもなると、おすとめすの大《おお》きさがちがってきます。上陸《じょうりく》するころの幼虫《ようちゅう》（終令《しゅうれい》幼虫《ようちゅう》）のおすは体長《たいちょう》二〜二・五センチメートル、めすは約《やく》三センチメートルあります。

↑雨《あめ》の中《なか》を上陸《じょうりく》して，ぬれた川岸《かわぎし》を歩《ある》いていく幼虫《ようちゅう》の光《ひかり》のあと。光《ひかり》が点線《てんせん》のように写《うつ》っているのは，幼虫《ようちゅう》がシャクトリムシのような歩《ある》き方《かた》をするからです。幼虫《ようちゅう》が雨《あめ》の日《ひ》に上陸《じょうりく》するのは，そのときの地上《ちじょう》の環境《かんきょう》が，いままですんでいた水中《すいちゅう》とにた状態《じょうたい》にあるからだとおもわれます。

土《つち》のくぼみやあなをみつけて中《なか》にもぐる幼虫《ようちゅう》。雨《あめ》にぬれた土《つち》はやわらかくて，もぐりやすくなっています。これも雨《あめ》の日《ひ》をまっていた理由《りゆう》の一つでしょう。

土《つち》にもぐる幼虫《ようちゅう》

上陸《じょうりく》した幼虫《ようちゅう》は、雨《あめ》の中《なか》を光《ひか》りながらすすみ、落《お》ち葉《ば》や小石《こいし》のあいだをぬっていきます。大《おお》きな岩《いわ》やがけをよじのぼっていくものもいます。

やがて、やわらかい土《つち》のあるところまでくると、小《ちい》さなくぼみをみつけて、頭《あたま》からもぐりこんでいきます。雨《あめ》がふったために、土《つち》はやわらかくしめっています。

土《つち》の中《なか》にもぐった幼虫《ようちゅう》は、そこに自分《じぶん》が動《うご》けるだけの小《ちい》さな部屋《へや》をつくります。部屋《へや》のかべには、からだからにじみでる液体《えきたい》をしみこませて、じょうぶにします。

こうして部屋《へや》ができると、幼虫《ようちゅう》はからだをまるめて、じっと休《やす》みます。

↑3〜7㎝の深《ふか》さにもぐった幼虫《ようちゅう》は，土《つち》をおしのけて部《へ》屋《や》をつくります。からだからでる液体《えきたい》を部《へ》屋《や》のかべにしみこませます。（写真《しゃしん》は断面《だんめん》）

↖部《へ》屋《や》のかべにしみこんだ液体《えきたい》がかたまって，部《へ》屋《や》全体《ぜんたい》がまゆのような形《かたち》になりました。これだと，部《へ》屋《や》の中《なか》まで水《みず》がはいってくることはありません。

←部《へ》屋《や》をつくりおわり，からだをまるめて休《やす》む幼虫《ようちゅう》。休《やす》んでいるあいだもこのようにときどき光《ひか》っています。（写真《しゃしん》は断面《だんめん》）

からだがふくらみ，頭部《とうぶ》の後《うし》ろにわれめができました。

春《はる》の川原《かわら》。春《はる》がやってくると，幼虫《ようちゅう》のいる地《ち》下《か》の部屋《へや》も少《すこ》しずつあたためられていきます。

さなぎになる

幼虫《ようちゅう》が土《つち》の中《なか》にもぐってから約《やく》四十日《にち》。地上《ちじょう》はもう春《はる》のさかりです。川《かわ》の水《みず》はぬるみ、あたたかい風《かぜ》がふいています。川《かわ》べにすむ昆虫《こんちゅう》たちも活動《かつどう》をはじめています。

地下《ちか》の部屋《へや》の中《なか》では、からだをまるめてじっと休《やす》みつづけていた幼虫《ようちゅう》が、背《せ》のびをするように、からだをのばしたり、ちぢめたりしはじめました。

そのうち、とつぜん、幼虫《ようちゅう》の背中《せなか》がわれ、そこからまっ白《しろ》なからだがでてきました。さなぎです。さなぎは、さらにからだをまげたりのばしたり、ねじったりしながら、うすい皮《かわ》をぬいでいきます。

➡約《やく》20分《ぷんご》後，ほとんど皮《かわ》をぬぎおわり，からだをくの字《じ》にそらせます。皮《かわ》をぬぎはじめてからぬぎおわるまで約《やく》30分《ぷん》かかります。

⬆約《やく》5分《ふん》後《ご》，さなぎのからだが半分《はんぶん》あらわれました。

⬇約《やく》15時間《じかん》後《ご》。動《うご》かなくなったさなぎのからだがしだいにかたくなっていきます。

さなぎになると、からだの形《かたち》がかわるだけではなく、発光器《はっこうき》も幼虫《ようちゅう》のときにくらべて大《おお》きくなり、とてもよく光《ひか》るようになります。

⬆光《ひか》っているおすのさなぎ。からだの色《いろ》が成虫《せいちゅう》と同《おな》じ色《いろ》にかわりはじめると，もうすぐ羽化《うか》です。光《ひかり》も成虫《せいちゅう》と同《おな》じように明《あか》るく光《ひか》っています。

↑光《ひか》っているめすのさなぎ。めすはおすにくらべて少《すこ》しおくれて羽化《うか》するため，同《おな》じ時期《じき》のおすにくらべると，まだからだの色《いろ》もうすい色《いろ》です。おすのさなぎもめすのさなぎも，夜昼関係《よるひるかんけい》なく光《ひか》ります。

成虫《せいちゅう》の誕生《たんじょう》

さなぎになったばかりのころは、うすい色《いろ》をしていたからだが、日《ひ》ごとにこくなり、五日目《かめ》ぐらいになると、目《め》の色《いろ》も黒《くろ》くなってきます。そして、八日目《かめ》ぐらいには、羽《はね》の色《いろ》も黒《くろ》くなり、背中《せなか》に赤《あか》い色《いろ》があらわれてきます。

十日目《かめ》の夜《よる》、いよいよ羽化《うか》がはじまりました。幼虫《ようちゅう》からさなぎになるときと同《おな》じように、からだのまげのばしがはじまると、とつぜん背中《せなか》がわれ、成虫《せいちゅう》の姿《すがた》をしたホタルのからだがあらわれてきます。やがて、足《あし》をしきりに動《うご》かし、さなぎの皮《かわ》をすっかりぬぎすててしまいます。

●羽化《うか》の順序《じゅんじょ》

①さなぎになって7日《か》目《め》のめす。目《め》が黒《くろ》い色《いろ》になり，背《せ》中《なか》に赤《あか》い色《いろ》があらわれてきました。

②9日《か》目《め》，背《せ》中《なか》の色《いろ》がいっそうこくなり，羽《はね》や足《あし》の色《いろ》も黒《くろ》くなりました。

③10日《か》目《め》の夜《よる》，羽《う》化《か》がはじまりました。背《せ》中《なか》をなんどももちあげるような動《うご》きをすると，背《せ》中《なか》にわれめができました。

④約《やく》10分《ぶん》後《ご》，からだが半《はん》分《ぶん》ぬけでると，羽《はね》がどんどんのびはじめます。

⑤約《やく》30分《ぶん》後《ご》，すっかり皮《かわ》をぬぎすてると，ときおり羽《はね》をひろげるようにして，下《した》羽《ばね》（後《うし》ろ羽《ばね》）をかわかします。

⑥さなぎの皮《かわ》をぬぎおわってから約《やく》15時《じ》間《かん》後《ご》，羽《はね》の色《いろ》もすっかり黒《くろ》くなり，あとは地《ち》上《じょう》にでていくばかりです。

④

⑥

⑤

草《くさ》の葉《は》についた夜《よ》つゆをのむゲンジボタルの成虫《せいちゅう》。ゲンジボタルは，成虫《せいちゅう》になるとなにも食《た》べません。水分《すいぶん》をとるだけです。幼虫《ようちゅう》のときにとった栄養《えいよう》が，たくさん体内《たいない》にのこっているからだいじょうぶなのです。

⬆地上《ちじょう》へでてきて近《ちか》くの草《くさ》の上《うえ》でしばらく休《やす》んだのち，飛《と》びたとうと羽《はね》をひろげた成虫《せいちゅう》。

⬆土《つち》をかきわけて地上《ちじょう》にでた成虫《せいちゅう》。天気《てんき》がつづき土《つち》がかたまると，でられなくなり死《し》ぬこともあります。

地上《ちじょう》へでる

成虫《せいちゅう》になったホタルは、そのまま地下《ちか》の部屋《へや》で三日《か》間《かん》ほど休《やす》みます。そして、からだがすっかりじょうぶになると、いよいよ地上《ちじょう》へでていきます。

部屋《へや》のかべを口《くち》でけずりおとし、手足《てあし》をつかっていっしょうけんめい土《つち》をかきわけてのぼります。

こうして、やっと地上《ちじょう》にでたホタルは、すぐ近《ちか》くの草《くさ》の上《うえ》でしばらく休《やす》み、やがて、光《ひか》りながら、なかまのいる水《みず》べの方《ほう》へ飛《と》びたっていきます。

羽化《うか》した成虫《せいちゅう》が、地上《ちじょう》へでてくるのは、暗《くら》い静《しず》かな夜《よる》です。

静《しず》かな夜《よる》の川《かわ》すじを、ふしぎな
光《ひかり》をともしながら、今夜《こんや》もまた、
ホタルが飛《と》びかいます。

↑飛行中《ひこうちゅう》のゲンジボタル。

●ゲンジボタルのからだ(めす)

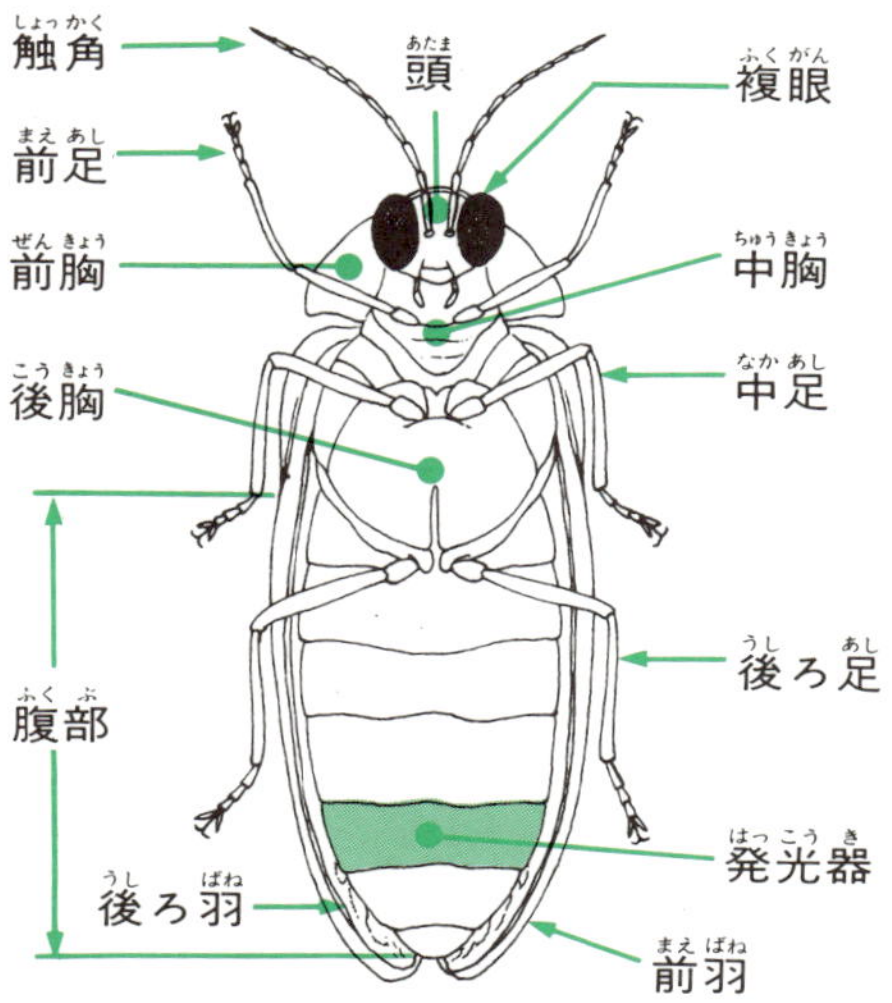

初夏《しょか》のおとずれをつげるように、夜《よる》の川《かわ》べりで光《ひかり》をともしながら飛《と》びかうホタルは、むかしから人《ひと》びとの心《こころ》をとらえてきました。

ホタルという言葉《ことば》は、いまから千年以上《せんねんいじょう》も前《まえ》にまとめられた『万葉集《まんようしゅう》』や『日本書紀《にほんしょき》』にすでにでています。

また、〝ホタル〟という名前《なまえ》は、火《ひ》を垂《た》れて飛《と》ぶ虫《むし》、〝ヒタレ〟から変化《へんか》してついたのではないかと考《かんが》える人《ひと》もいます。

ホタルは、昆虫《こんちゅう》のなかではカブトムシやコガネムシと同《おな》じ甲虫類《こうちゅうるい》に属《ぞく》しています。かたい前羽《まえばね》を上《うえ》にもちあげ、その下《した》のうすいまくのような後《うし》ろ羽《ばね》を、前後《ぜんご》にはげしくはばたかせて飛《と》びまわります。

成長《せいちょう》のしかたも、カブトムシと同《おな》じ完全変態《かんぜんへんたい》です。たまごから幼虫《ようちゅう》、さなぎの時代《じだい》をへて成虫《せいちゅう》になります。

●ゲンジボタルとヘイケボタルのちがい

前胸部《ぜんきょうぶ》に太《ふと》くて黒《くろ》いすじがある

前胸部《ぜんきょうぶ》の中央《ちゅうおう》に黒《くろ》い十字形《じゅうじがた》のもようがある

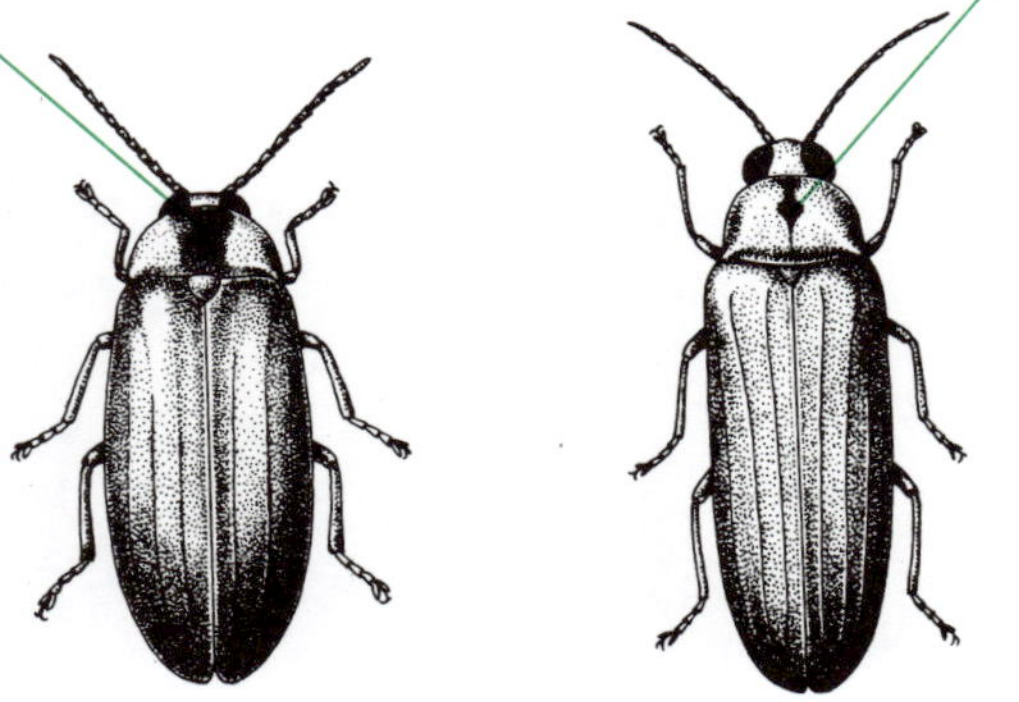

■ヘイケボタル
分布《ぶんぷ》：日本全土《にっぽんぜんど》におよぶ　**体長《たいちょう》**：7～10㎜
直径約《ちょっけいやく》0.6㎜のややだ円状《えんじょう》のたまごを，50～100個《こ》ぐらいうむ。

■ゲンジボタル
分布《ぶんぷ》：本州《ほんしゅう》，四国《しこく》，九州《きゅうしゅう》　**体長《たいちょう》**：10～20㎜
直径約《ちょっけいやく》0.5㎜のまるいたまごを，500個ぐらいうむ。

日本《にっぽん》には、北海道《ほっかいどう》から沖縄《おきなわ》まで、約《やく》三十種類《しゅるい》のホタルがすんでいます。そのなかでも代表的《だいひょうてき》なホタルが、ゲンジボタルとヘイケボタルです。

この二つのホタルに、どうしてこのような名前《なまえ》がついたのでしょう。一説《いっせつ》によると、〝ゲンジ（源氏《げんじ》）〟は、日本《にっぽん》の古《ふる》い文学《ぶんがく》『源氏物語《げんじものがたり》』の主人公《しゅじんこう》、光源氏《ひかるげんじ》の〝光《ひかる》〟をホタルの光《ひかり》にかけてつけられたのだろうといわれています。

一方《いっぽう》の〝ヘイケ〟はゲンジボタルにくらべて、光《ひかり》も弱《よわ》く小形《こがた》です。そんなところから、のちの時代《じだい》に源氏《げんじ》と平家《へいけ》が争《あらそ》った戦《たたか》い、源平合戦《げんぺいがっせん》の負《ま》けた方《ほう》の〝平家《へいけ》〟をとってつけたのだろうといわれています。

ホタルのなかまなら、どの種類《しゅるい》でも強《つよ》く光《ひか》るとはかぎりません。日本《にっぽん》のホタルの成虫《せいちゅう》で、強《つよ》い光《ひかり》をだすのは、ゲンジボタル、ヘイケボタル、ヒメボタルなど、全体《ぜんたい》の約《やく》三分《ぶん》の一です。このほかのホタルは、成虫《せいちゅう》がわずかに光《ひか》ることがわかっているだけです。

なかには、オバボタルのように、幼虫時代《ようちゅうじだい》には光《ひか》っていて、成虫《せいちゅう》になると光《ひか》らなくなるものもいます。

日本《にっぽん》にすんでいるおもなホタル

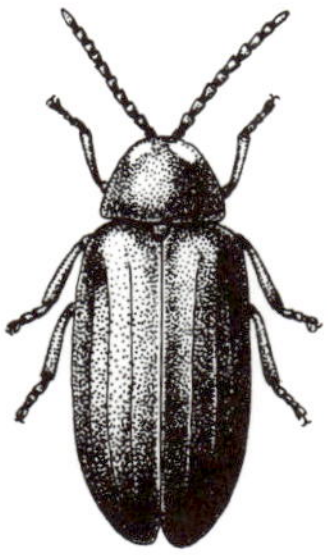
体長《たいちょう》（おす）9～11㎜

クロマドボタル　本州《ほんしゅう》に分《ぶん》布《ぷ》。めすには羽《はね》がない。

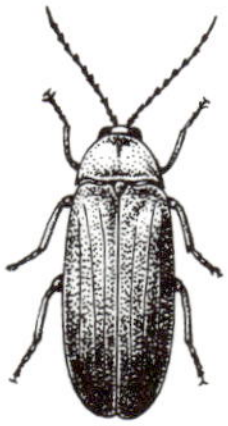
体長《たいちょう》6～8㎜

ムネクリイロボタル　本州《ほんしゅう》四国《しこく》，九州《きゅうしゅう》に分布《ぶんぷ》。

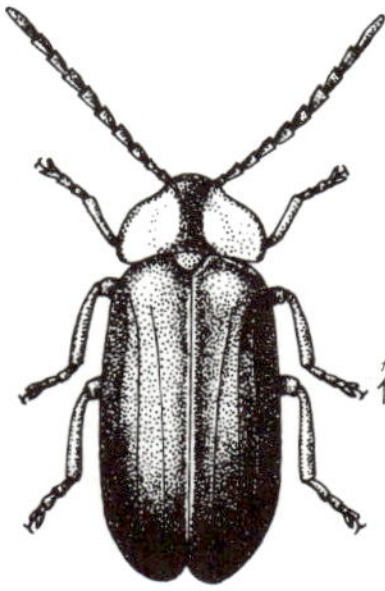
体長《たいちょう》13～15㎜

オオオバボタル　本州《ほんしゅう》，四《し》国《こく》，九州《きゅうしゅう》に分布《ぶんぷ》。

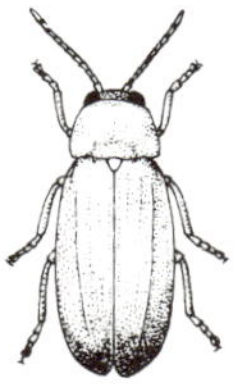
体長《たいちょう》6㎜内外《ないがい》

キイロスジグロボタル　石《いし》垣島《がきじま》，西表島《いりおもてじま》などに分布《ぶんぷ》。

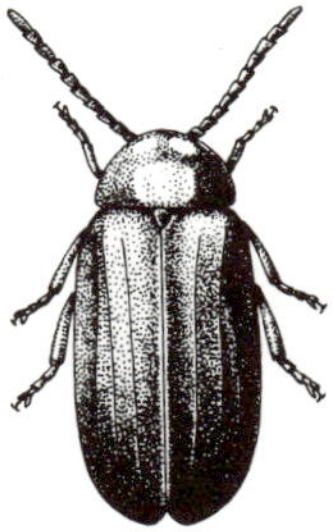
体長《たいちょう》9～12㎜

オオマドボタル　本州《ほんしゅう》，四《し》国《こく》，九州《きゅうしゅう》に分布《ぶんぷ》。

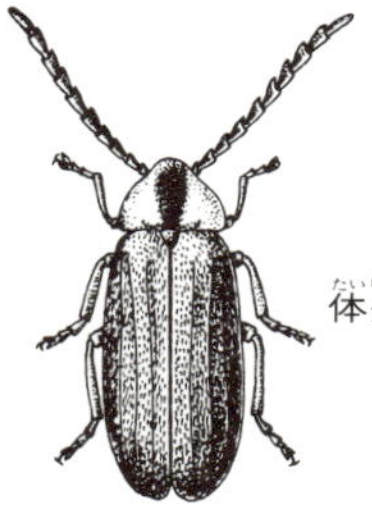
体長《たいちょう》7～12㎜

オバボタル　北海道《ほっかいどう》，本州《ほんしゅう》，四国《しこく》，九州《きゅうしゅう》に分布《ぶんぷ》。成虫《せいちゅう》は光《ひか》らない。

⬇アキマドボタルのおす（左《ひだり》）とめす（右《みぎ》）。めすは成虫《せいちゅう》になっても幼虫《ようちゅう》のような姿《すがた》です。

◀▶写真・大場信義

⬇ヒメボタルのおす（左《ひだり》）とめす（右《みぎ》）。めすは羽《はね》が退化《たいか》していて飛《と》べません。

＊幼虫《ようちゅう》の生活《せいかつ》

ゲンジボタル

幼虫《ようちゅう》時代《じだい》は、水中《すいちゅう》でくらします。幼虫《ようちゅう》が水中《すいちゅう》の生活《せいかつ》をおわって陸上《りくじょう》にあがるのは、つぎの年《とし》の四月《がつ》、終令《しゅうれい》幼虫《ようちゅう》がさなぎになるときです。

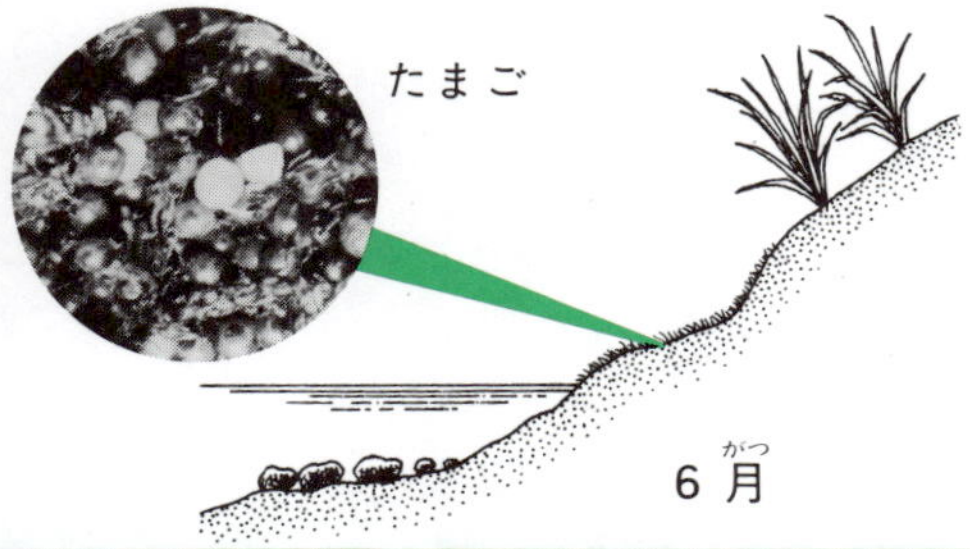

ヒメボタル

幼虫《ようちゅう》時代《じだい》からずっと陸上《りくじょう》でくらします。めすの後《うし》ろ羽《ばね》が退化《たいか》し、遠《とお》くへ移動《いどう》できないため、毎年《まいねん》かぎられた場所《ばしょ》で繁殖《はんしょく》します。

ホタルの幼虫《ようちゅう》時代《じだい》の生活《せいかつ》には、大《おお》きく分《わ》けて二つのタイプがあります。一つは、陸上《りくじょう》ですごすタイプです。ヒメボタルをはじめ、ほとんどのホタルの幼虫《ようちゅう》がこれにあてはまります。これらの幼虫《ようちゅう》は、陸上《りくじょう》にすむ巻《ま》き貝《がい》のなかま、カタツムリやオカチョウジガイを食《た》べて成長《せいちょう》します。

そして、もう一つは、水中《すいちゅう》でくらすタイプです。ゲンジボタルとヘイケボタルが、このタイプです。同《おな》じ水中《すいちゅう》生活者《せいかつしゃ》でも、ゲンジボタルとヘイケボタルの幼虫《ようちゅう》では、すんでいる場所《ばしょ》がちがいます。ゲンジボタルの幼虫《ようちゅう》は水質《すいしつ》にとても敏感《びんかん》で、いつも水《みず》が流《なが》れている川《かわ》にしかすみつくことができません。食《た》べものは、おもにカワニナです。

一方《いっぽう》、ヘイケボタルの幼虫《ようちゅう》は、多少《たしょう》よごれた水《みず》でも平気《へいき》なので、川《かわ》のほかに、流《なが》れのない水田《すいでん》にもすみついています。食《た》べものはモノアラガイやサカマキガイなどです。

図は大場(1977年)を一部改変

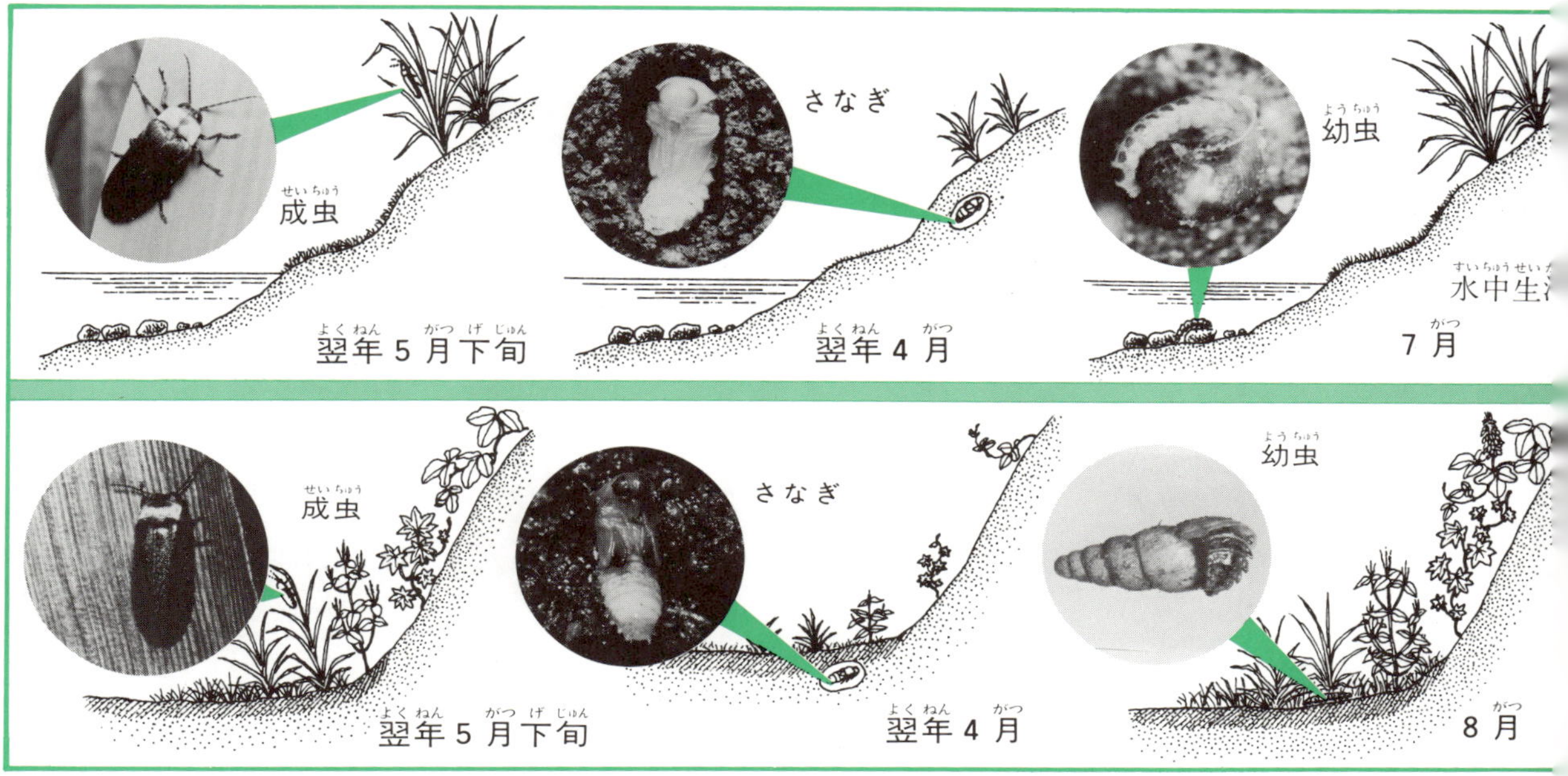

世《せ》界《かい》にいる約《やく》二千《せん》種類《しゅるい》ものホタルのなかで、幼虫時《ようちゅうじ》代《だい》に水中《すいちゅう》でくらすホタルは、ゲンジボタルとヘイケボタルのほかに、二〜三種類《しゅるい》がいるだけです。

←光《ひか》るクロマドボタルの幼虫《ようちゅう》。幼虫《ようちゅう》は山地《さんち》や森林《しんりん》の周辺《しゅうへん》にすみ，陸上生活《りくじょうせいかつ》をします。

↓陸《りく》にすむ巻《ま》き貝《がい》カタツムリをおそって食《た》べるクロマドボタルの幼虫《ようちゅう》。

写真・大場信義

➡草《くさ》むらで光《ひか》るヒメボタル。ヒメボタルの発光《はっこう》は，光《ひかり》の信号《しんごう》のなぞをとく有力《ゆうりょく》なてがかりの一つとして研究《けんきゅう》がつづけられています。

⬇光《ひかり》の信号《しんごう》を送《おく》りあったあと交尾《こうび》をするゲンジボタルのおすとめす。

ホタルは何《なん》のために光《ひか》るのでしょう。おすとめすが交尾《こうび》のために出会《であ》うときの信号《しんごう》だろうということは、古《ふる》くから想像《そうぞう》されていました。でも、光《ひかり》の明滅《めいめつ》にどのようなリズムがあり、また、おすとめすの明滅《めいめつ》のしかたがどうちがうかなどは、まだあまりよくわかっていませんでした。しかし、多《おお》くの研究者《けんきゅうしゃ》たちの実験《じっけん》によって、ホタルの光《ひかり》の意味《いみ》やリズムなどが、だんだん明《あき》らかにされてきています。

とくにヒメボタルの場合《ばあい》は、おすとめすの出会《であ》いの信号《しんごう》であることがほぼ明《あき》らかです。おたがいに瞬間的《しゅんかんてき》な強《つよ》い光《ひかり》をだして、合図《あいず》を送《おく》りあいます。光《ひかり》のリズムは、断続的《だんぞくてき》で、単調《たんちょう》な明滅《めいめつ》のくりかえしです。

ところで、ヒメボタルのめすは羽《はね》が退化《たいか》していて飛《と》べません。おすの群《む》れが飛《と》びながらチカチカ光《ひか》りはじめると、めすも、草《くさ》にはいのぼり、めだつ場所《ばしょ》で光《ひかり》の信号《しんごう》を送《おく》ります。こうしてめすは、飛《と》べなくても、おすを呼《よ》びよせて、交尾《こうび》することができるのです。

●ホタルの種類《しゅるい》と発光《はっこう》のようす

図は大場（1977年）を一部改変

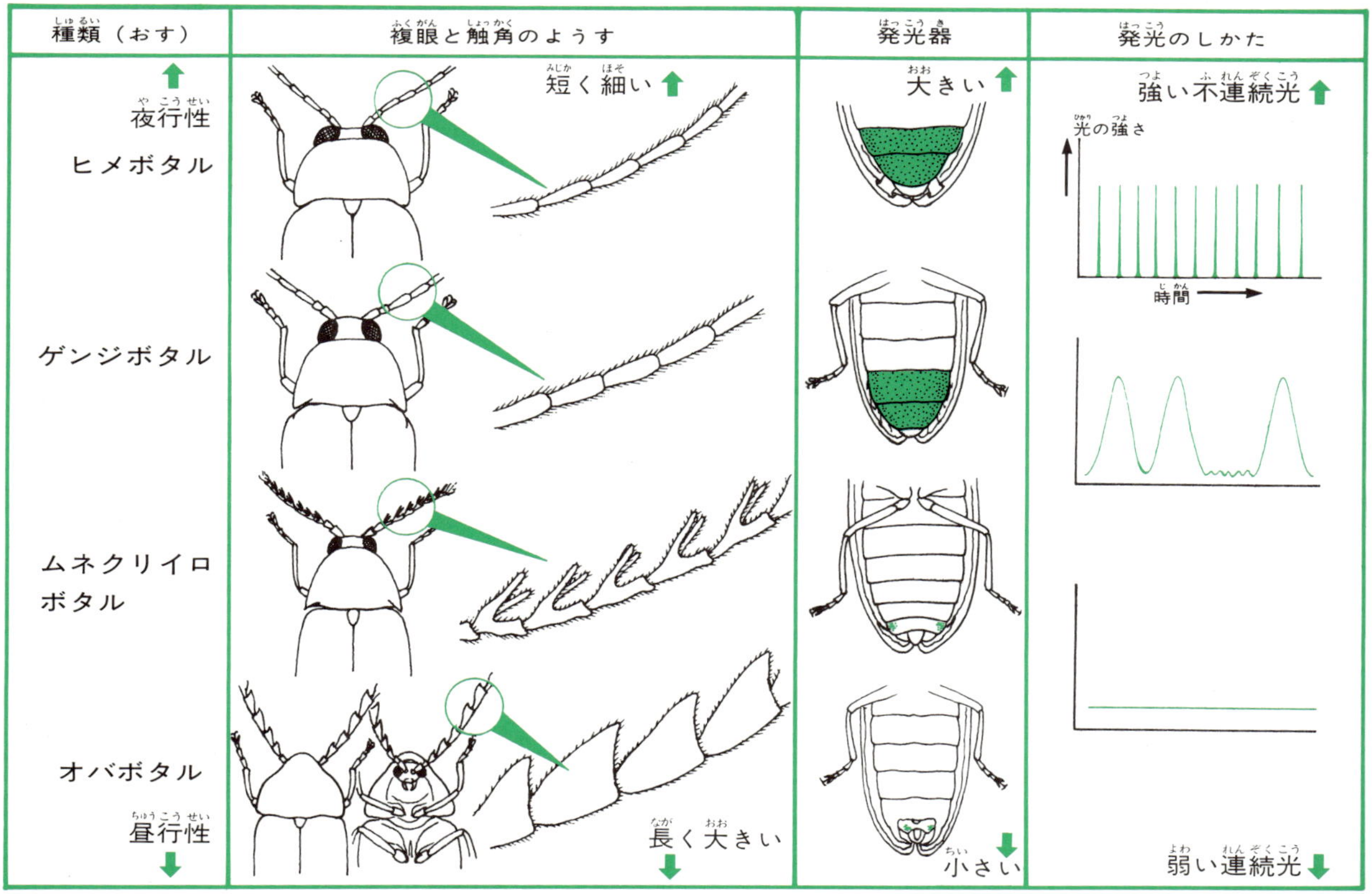

ゲンジボタルやヘイケボタルの光《ひかり》は、ヒメボタルとはちがい、連続的《れんぞくてき》につながっています。強《つよ》い光《ひかり》と光《ひかり》の間《あいだ》にも弱《よわ》い光《ひかり》ですが、小《ちい》さな波《なみ》があります。強《つよ》い光《ひかり》が出会《であ》いの信号《しんごう》であることはたしかですが、小《ちい》さな波《なみ》にどんな意味《いみ》があるのかは、よくわかっていません。

では、ほとんど光《ひか》らないホタルのおすとめすはどんな方法《ほうほう》で出会《であ》うのでしょう。よく光《ひか》るホタルは夜行性《やこうせい》で、複眼《ふくがん》が発達《はったつ》していますが、光《ひか》らないホタルのほとんどが昼行性《ちゅうこうせい》で、複眼《ふくがん》が小《ちい》さいかわりに、触角《しょっかく》が発達《はったつ》しています。触角《しょっかく》はにおいをかぐ器官《きかん》です。だから光《ひか》らないホタルは、おそらくめすがからだからある種《しゅ》のにおいをだし、それをおすが触角《しょっかく》でかぎわけて近《ちか》づいてくるのではないかと考《かんが》えられています。

●ゲンジボタルの発光器《はっこうき》のしくみ(縦断面《じゅうだんめん》をみたところ)

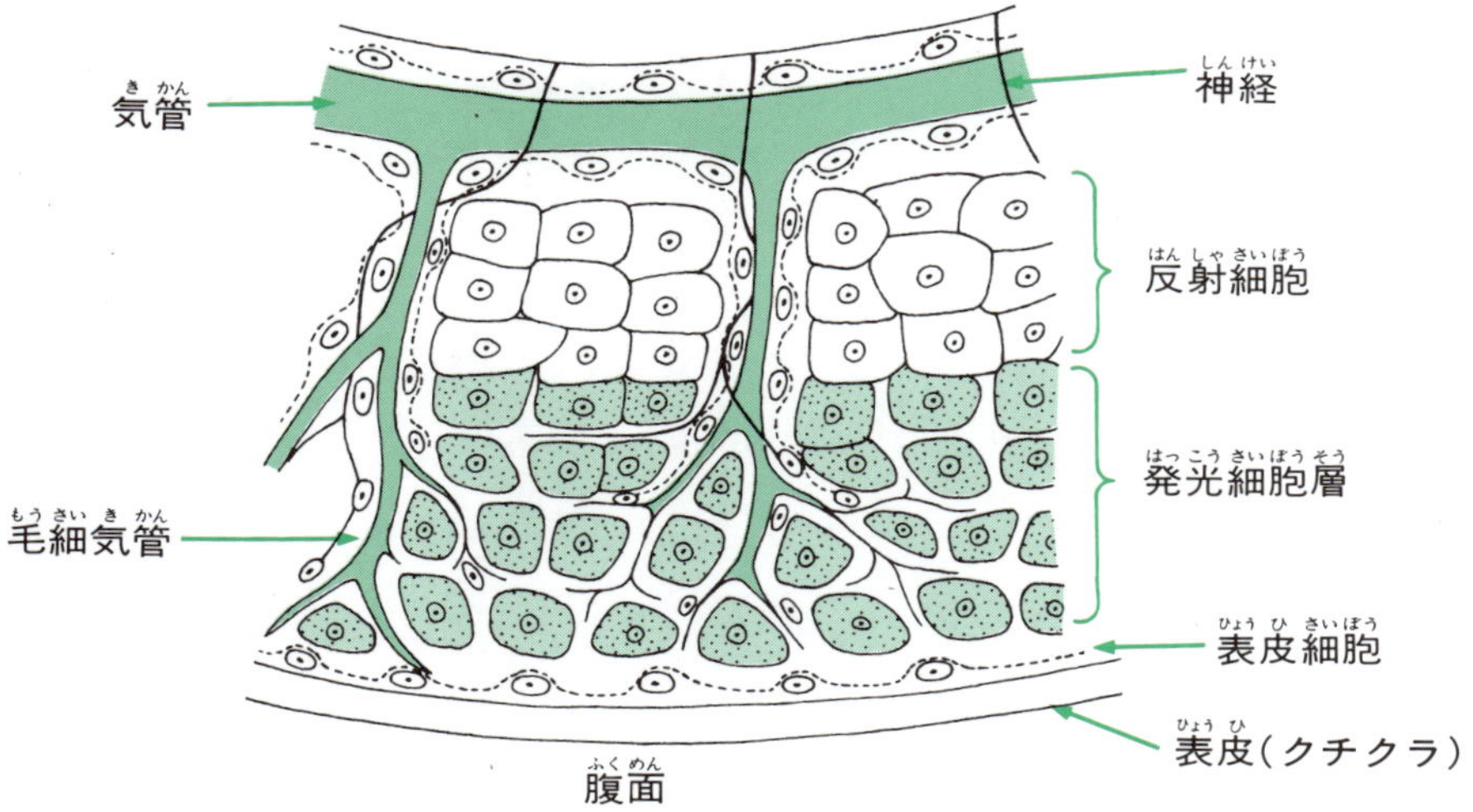

*発光《はっこう》のしくみ

電球《でんきゅう》のように光《ひかり》をだすものは、同時《どうじ》に熱《ねつ》もだします。ところが、ホタルのだす光《ひかり》は、けっして熱《ねつ》がでません。そのため、冷光《れいこう》とよばれています。

このふしぎな光《ひかり》は、ホタルの体《からだ》のなかで、いったいどのようなしくみでつくりだされるのでしょうか。

ゲンジボタルの発光器《はっこうき》には、発光細胞《はっこうさいぼう》と反射細胞《はんしゃさいぼう》の二層《そう》からなる発光組織《はっこうそしき》があり、そのなかに血管《けっかん》と毛細気管《もうさいきかん》がいりくんでいます。発光細胞《はっこうさいぼう》は、実際《じっさい》に光《ひかり》をつくりだすところです。ここで、ルシフェリンとルシフェラーゼという物質《ぶっしつ》が化学反応《かがくはんのう》をおこして光《ひかり》をつくります。そして、つくられた光《ひかり》は反射板《はんしゃばん》のはたらきをする反射細胞《はんしゃさいぼう》ではねかえされ、からだの外《そと》におくりだされるのです。

では、どうしてゲンジボタルの光《ひかり》は明滅《めいめつ》をくりかえすのでしょう。その原因《げんいん》について、以前《いぜん》は、呼吸《こきゅう》をして酸素《さんそ》が発光器《はっこうき》に送《おく》りこまれるとき光《ひか》るのだとされていました。

しかし、その後《ご》の研究《けんきゅう》でルシフェリンとルシフェラーゼの化学反応《かがくはんのう》がおこるとき、同時《どうじ》に発光《はっこう》を阻害《そがい》する物質《ぶっしつ》がつ

●そのほかの発光生物《はっこうせいぶつ》

世界中《せかいじゅう》には，ホタル以外《いがい》にも光《ひか》る生物《せいぶつ》がたくさんいます。たとえば深海《しんかい》にすむギンオビイカは，すみが役《やく》にたたないので，光《ひか》る液《えき》をだして敵《てき》をおどかし身《み》をまもります。また，チョウチンアンコウは，光《ひかり》をだして魚《さかな》をよびよせて食《た》べます。

しかし，下等《かとう》な動物《どうぶつ》では，なんのために光《ひか》るのか説明《せつめい》がつかないものも多《おお》くいます。

写真・羽根田彌太

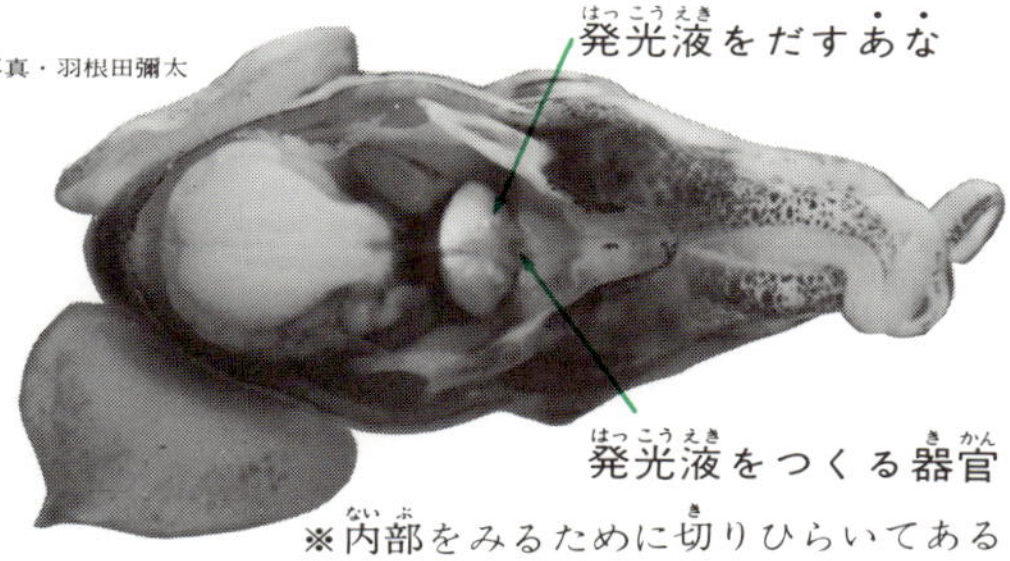

※内部《ないぶ》をみるために切《き》りひらいてある

▲光《ひかり》の雲《くも》で敵《てき》から身《み》をまもるギンオビイカ。

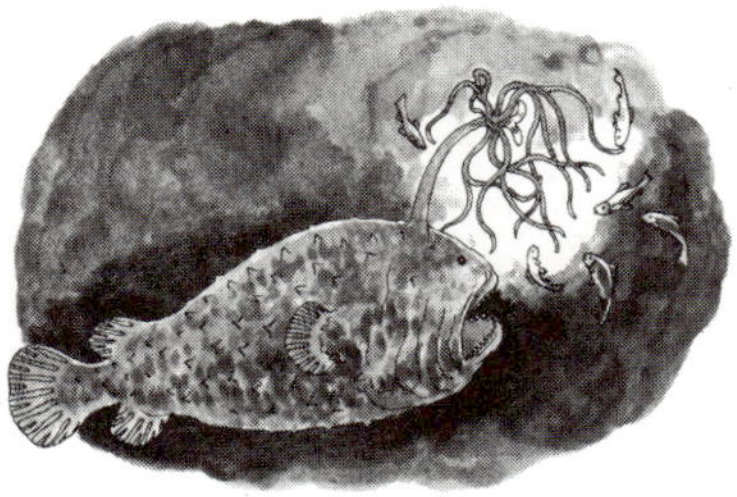

▲光《ひかり》でえものをつかまえるチョウチンアンコウ。

写真・羽根田彌太

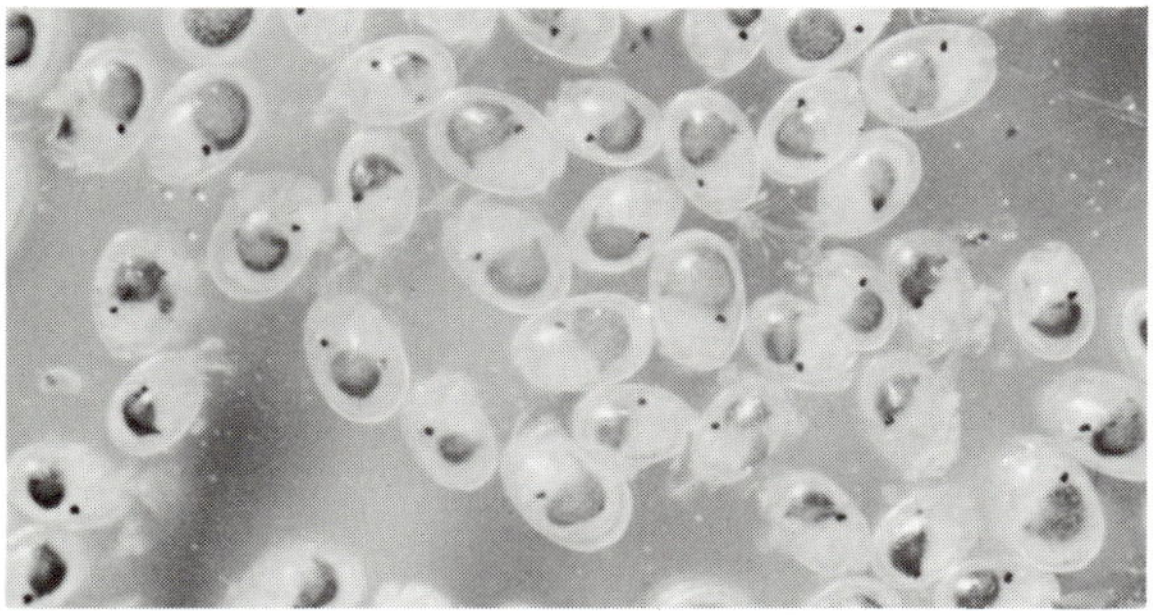

▲ウミボタル。光《ひか》る目的《もくてき》はよくわかりませんが，発光生物《はっこうせいぶつ》の研究材料《けんきゅうざいりょう》として世界的《せかいてき》に有名《ゆうめい》です。

●ヒルにつかまりながらも光《ひか》るゲンジボタル。ホタルは合図《あいず》を送《おく》るときに光《ひか》るだけでなく，外部《がいぶ》からの刺激《しげき》で光《ひか》ることもあります。

くられていることがわかってきました。このため、光《ひかり》が明《めい》滅《めつ》するのだと考《かんが》える人《ひと》もいますが、それだけでは、明滅《めいめつ》のしくみを説明《せつめい》しきれないところがあります。発光《はっこう》のしくみについては、現在《げんざい》もなお研究《けんきゅう》がつづけられています。

また、ゲンジボタルは成虫《せいちゅう》だけでなく、たまごや幼虫《ようちゅう》、さなぎの時代《じだい》も光《ひかり》をだします。でも、光《ひかり》は成虫《せいちゅう》より弱《よわ》く、明滅《めいめつ》しません。明滅《めいめつ》のしくみができあがるのは、成虫《せいちゅう》になってからです。

＊ゲンジボタルのすむ川《かわ》

ゲンジボタルを観察《かんさつ》した現場《げんば》のようす

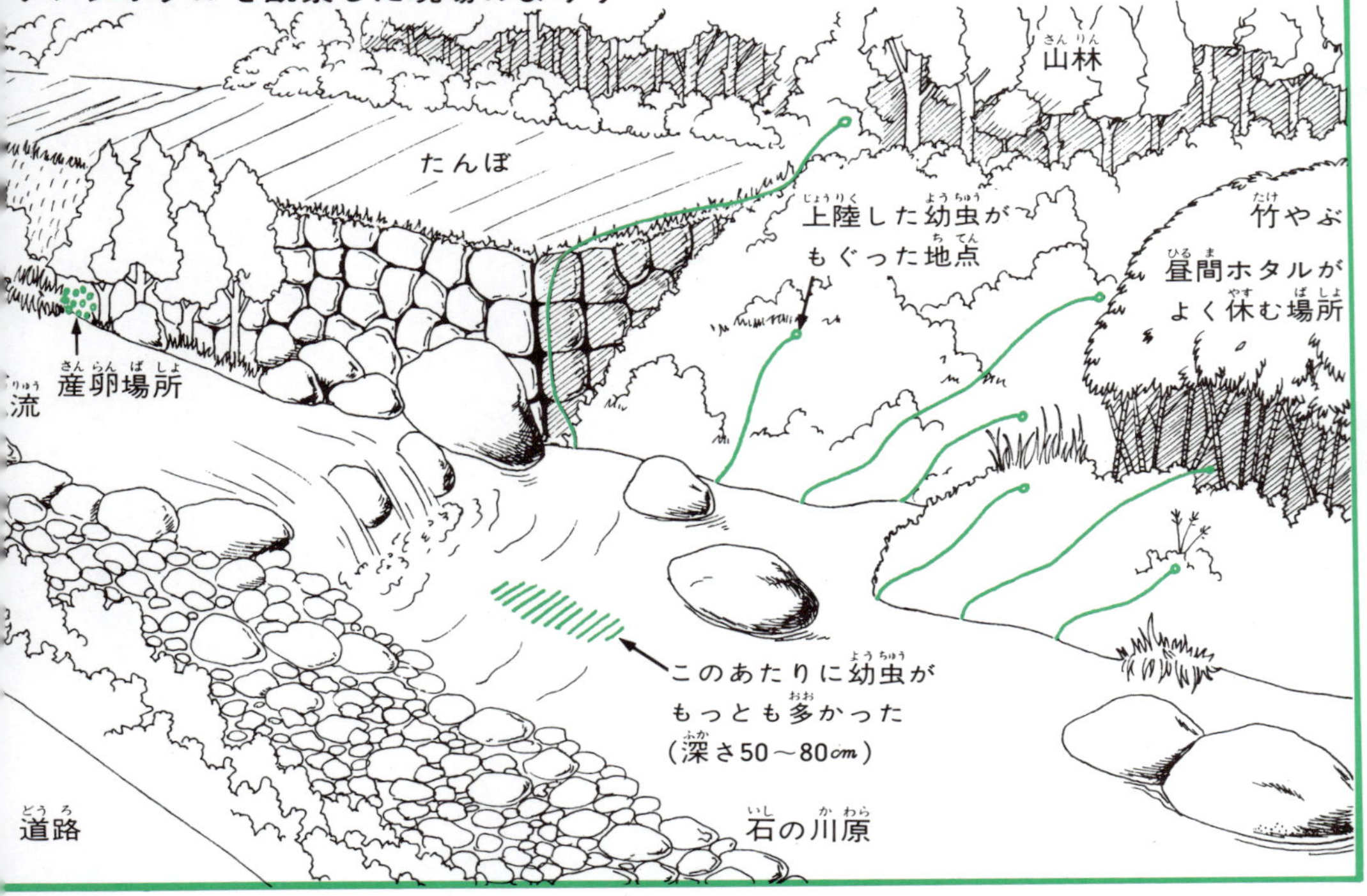

この本《ほん》でゲンジボタルを観察《かんさつ》した川《かわ》は、豊《ほう》富《ふ》な水《みず》が一年中《ねんじゅう》流《なが》れ、石《いし》ころだらけの谷川《たにがわ》です。この川《かわ》には、ゲンジボタルの幼虫《ようちゅう》のえさになるカワニナが、たくさんすんでいます。下流《かりゅう》に向《む》かって右側《みぎがわ》の岸《きし》には、自動車《じどうしゃ》が通《とお》る道路《どうろ》があり、開《ひら》けていて、日《ひ》あたりがよくなっています。

そのためでしょう。ホタルは日《ひ》かげで湿気《しっけ》の多《おお》い左岸《ひだりぎし》に多《おお》く、夜《よる》になると、そこにあるしげみの中《なか》から飛《と》びたちます。また、産卵《さんらん》がおこなわれるのも、幼虫《ようちゅう》がさなぎになるため上陸《じょうりく》するのも、ほとんど左側《ひだりがわ》の岸《きし》べです。幼虫《ようちゅう》は、流《なが》れのあまりはやくない、深《ふか》さ五十センチメートルから八十センチメートルぐらいのところにある石《いし》の下《した》に、いちばん多《おお》くいました。

生物《せいぶつ》が生《い》きていくためには、てきとうな温《おん》

●ゲンジボタルを観察《かんさつ》した川《かわ》にすむ生《い》きもの

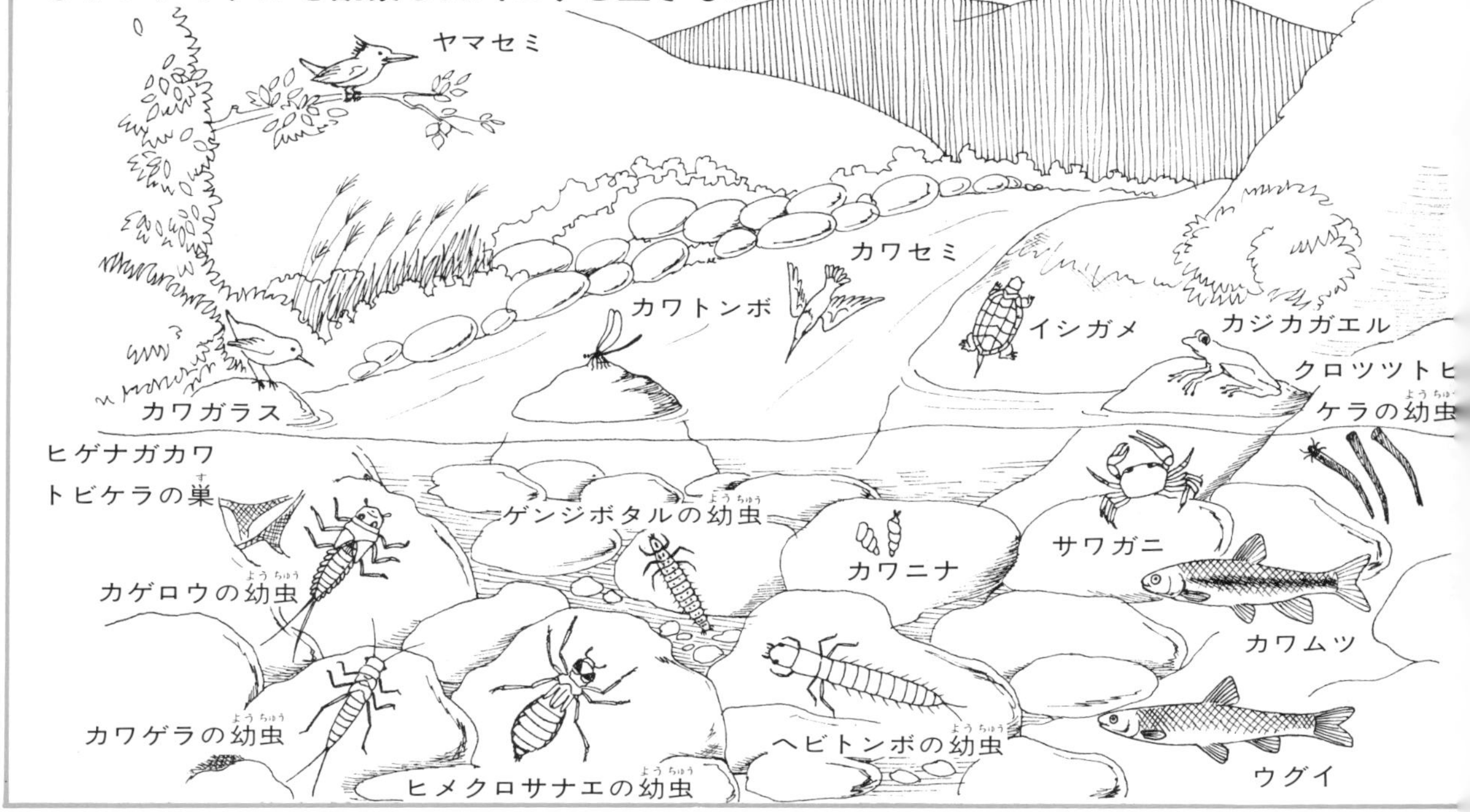

度《ど》が必要《ひつよう》です。ゲンジボタルの幼虫《ようちゅう》がすむことのできる水温《すいおん》は、セッ氏《し》五度《ど》から二十一度《ど》ぐらいです。この本《ほん》で観察《かんさつ》した川《かわ》は、真冬《まふゆ》でも水温《すいおん》は、セッ氏《し》十度《ど》以上《いじょう》もあり、幼虫《ようちゅう》は元《げん》気《き》にカワニナを食《た》べていました。

ゲンジボタルのすむ川《かわ》は、豊富《ほうふ》な水《みず》がたえまなく流《なが》れていなければなりません。そのうえ、えさになるカワニナをはじめ、いろいろな動植物《どうしょくぶつ》がすめる、バランスのとれた環境《かんきょう》であることが必要《ひつよう》です。

⬆この本《ほん》でゲンジボタルを観察《かんさつ》した川《かわ》。

◀▼写真・古田忠久

水《すい》ばんをつかったホタルの幼虫《ようちゅう》の飼育《しいく》。

飼育《しいく》した幼虫《ようちゅう》の放流《ほうりゅう》。人《ひと》の手《て》をかりなくても，やがてホタルが自然《しぜん》に繁殖《はんしょく》できるような環境《かんきょう》づくりの努力《どりょく》もつづけられています。（愛知県岡崎市立河合中学校《あいちけんおかざきしりつかわいちゅうがっこう》）

最近《さいきん》、数《かず》の減《へ》ったホタルを、むかしのようにふやしてみようという試《こころ》みが、全国各地《ぜんこくかくち》でさかんにおこなわれています。幼虫《ようちゅう》を人工的《じんこうてき》に飼育《しいく》し、川《かわ》にはなすのもその一例《れい》です。

しかし、人工《じんこう》飼育《しいく》をくりかえすだけではほんとうのホタルの保護《ほご》とはいえません。たいせつなことは、はなされた幼虫《ようちゅう》がその川《かわ》にすみつき、自然《しぜん》に繁殖《はんしょく》をつづけていくことです。こうなってはじめて保護《ほご》されたといえるのです。

これは同時《どうじ》に、まわりの環境《かんきょう》をもう一度《ど》ホタルがたくさんいたときの環境《かんきょう》に近《ちか》づけることと同《おな》じことです。ですが、一度《ど》こわされてしまった環境《かんきょう》をとりもどすことは、たいへんむずかしいことです。

とくにゲンジボタルでは、川《かわ》にいつも豊富《ほうふ》な水《みず》が流《なが》れていて、しかもえさである大小《だいしょう》さまざまな巻《ま》き貝《がい》が、たくさんすんでいる必要《ひつよう》があります。巻《ま》き貝《がい》が成長《せいちょう》するためには、藻類《そうるい》などの植物性《しょくぶつせい》のえさが必要《ひつよう》です。

さらに、藻類《そうるい》は魚《さかな》の排《はい》せつするふんをはじめ、水中《すいちゅう》にとけこんでいる有機質《ゆうきしつ》の栄養《えいよう》をとりいれて繁殖《はんしょく》しています。

それだけではありません。ホタルが産卵《さんらん》したり、さなぎになるためには、川岸《かわぎし》にコケややわらかい土《つち》が必要《ひつよう》です。また、田畑《たはた》でつかわれている化学肥料《かがくひりょう》や農薬《のうやく》が、川《かわ》に流《なが》れこむと、ホタルの幼虫《ようちゅう》は死《し》んでしまいます。

こうしてみると、一種類《しゅるい》のホタルをふやすために、なんと多《おお》くの生物《せいぶつ》とのつながりや環境《かんきょう》が重要《じゅうよう》かがわかります。

●ホタルの天然記念物指定地《てんねんきねんぶつしていち》

①沢辺《さわべ》ゲンジボタル発生地《はっせいち》（宮城県栗原市《みやぎけんくりはらし》）
②東和町《とうわちょう》ゲンジボタル生息地《せいそくち》（宮城県登米《とめ》市）
③岡崎《おかざき》ゲンジボタル発生地（愛知《あいち》県岡崎市）
④長岡《ながおか》のゲンジボタルおよびその発生地（滋賀《しが》県米原《まいばら》市）
⑤息長《いきなが》のゲンジボタル発生地（滋賀県坂田《さかた》郡近江町《おうみまち》）
⑥清滝川《きよたきがわ》ゲンジボタルおよびその生息地（京都府《きょうとふ》京都市右京区《うきょうく》）
⑦木屋川《ねやがわ》・音信川《おとずれがわ》ゲンジボタル発生地（山口《やまぐち》県下関市）
⑧山口ゲンジボタル発生地（山口県山口市）
⑨美郷《みさと》のホタルおよびその発生地（徳島《とくしま》県吉野川《よしのがわ》市）
⑩船小屋《ふなこや》ゲンジボタル発生地（福岡《ふくおか》県山門《やまと》郡瀬高《せたか》町・福岡県筑後《ちくご》市）

※ヘイケボタルは北海道《ほっかいどう》や千島《ちしま》などにも分布《ぶんぷ》していますが，ゲンジボタルは東北地方《とうほくちほう》より北《きた》には分布《ぶんぷ》していません。そのため，ゲンジボタルの北限《ほくげん》は青森県《あおもりけん》とされています。

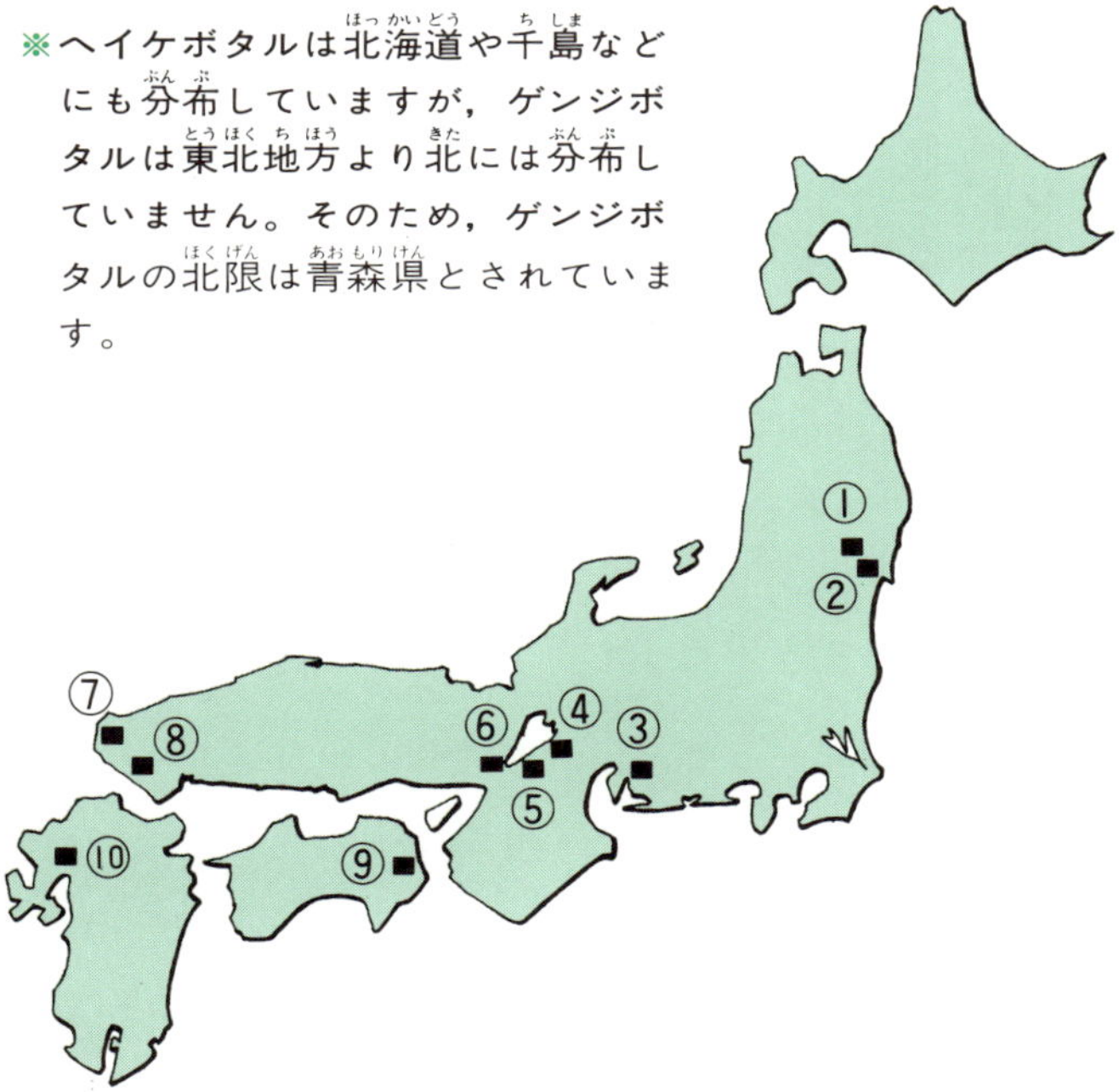

あとがき

わたしがまだ子《こ》どものころには、ホタルは、日本中《にっぽんじゅう》のいたるところの川《かわ》に、たくさんすんでいました。毎年《まいねん》、その季節《きせつ》がくると、大人《おとな》も子《こ》どもも夕涼《ゆうすず》みをかねてホタル狩《が》りを楽《たの》しんだものです。でも、そのような光景《こうけい》は、もうめったに目《め》にすることはありません。わたしたちは、知《し》らず知《し》らずのうちに、自然《しぜん》があたえてくれた、たいせつな心《こころ》の財産《ざいさん》を失《うしな》っているのではないでしょうか。

わたしは、暗《くら》くなっていく川岸《かわぎし》に一人《ひとり》たたずみ、目《め》の前《まえ》を飛《と》びかうホタルの光《ひかり》をみながら、いつもおもうのです。このすばらしい光景《こうけい》を、一人《ひとり》でも多《おお》くの子《こ》どもたちに残《のこ》すことができないものだろうか、と。そのためには、ただ言葉《ことば》だけでホタルのすばらしさを伝《つた》えるのではなく、実際《じっさい》に自分《じぶん》の目《め》で、心《こころ》でみることが必要《ひつよう》なのだと感《かん》じました。

この本《ほん》を読《よ》んでくださったみなさんに、ぜひおすすめします。五月《がつ》下旬《げじゅん》から六月《がつ》中旬《ちゅうじゅん》にかけて、一度《ど》ゲンジボタルの飛《と》びかう光景《こうけい》をみてください。きっと、ホタルの放《はな》つ不思議《ふしぎ》な光《ひかり》が、心《こころ》の奥底《おくそこ》までとどいてくるはずです。

この本《ほん》は、多《おお》くの人《ひと》びとの協力《きょうりょく》でできあがりました。解説《かいせつ》ページをまとめるにあたっては、横須賀市博物館《よこすかしはくぶつかん》の大場信義先生《おおばのぶよしせんせい》からご教示《きょうじ》を得《え》ました。また、撮影《さつえい》には大分県中津無礼川流域《おおいたけんなかつむれがわりゅういき》の人《ひと》びとにお世話《せわ》になりました。みなさまに心《こころ》からお礼《れい》を申《もう》し上《あ》げます。

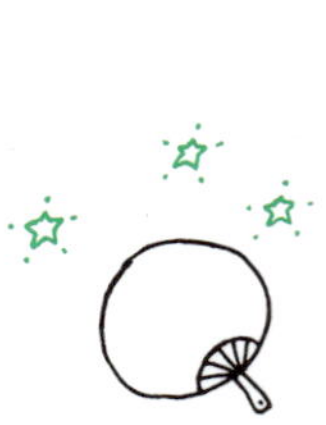

栗林《くりばやし》　慧《さとし》

（一九八〇年六月）

NDC486
栗林　慧
科学のアルバム　虫 15
ホタル 光のひみつ

あかね書房 2022
54P　23×19cm

科学のアルバム
ホタル 光のひみつ

一九八〇年 六 月初版
二〇〇五年 四 月新装版第 一 刷
二〇二二年一〇月新装版第一五刷

著者 栗林 慧

発行者 岡本光晴
発行所 株式会社 あかね書房
〒一〇一－〇〇六五
東京都千代田区西神田三－二－一
電話〇三－三二六三－〇六四一（代表）
ホームページ http://www.akaneshobo.co.jp
印刷所 株式会社 精興社
写植所 株式会社 田下フォト・タイプ
製本所 株式会社 難波製本

ISBN978-4-251-03368-0
定価は裏表紙に表示してあります。
落丁本・乱丁本はおとりかえいたします。

○表紙写真

・葉《は》の上《うえ》にとまって光《ひか》るゲンジボタルのめすと、飛《と》びまわるおすの群《む》れの光《ひかり》

○裏表紙写真（上から）

・コケにうみつけられたゲンジボタルのたまご

・土《つち》の中《なか》で光《ひか》るゲンジボタルのさなぎ

・水《みず》からでてきたゲンジボタルの幼虫《ようちゅう》

○扉写真

・飛行中《ひこうちゅう》のゲンジボタル

○もくじ写真

・飛行中《ひこうちゅう》のゲンジボタル（連続写真《れんぞくしゃしん》）

科学のアルバム

全国学校図書館協議会選定図書・基本図書
サンケイ児童出版文化賞大賞受賞

虫

モンシロチョウ
アリの世界
カブトムシ
アカトンボの一生
セミの一生
アゲハチョウ
ミツバチのふしぎ
トノサマバッタ
クモのひみつ
カマキリのかんさつ
鳴く虫の世界
カイコ まゆからまゆまで
テントウムシ
クワガタムシ
ホタル 光のひみつ
高山チョウのくらし
昆虫のふしぎ 色と形のひみつ
ギフチョウ
水生昆虫のひみつ

植物

アサガオ たねからたねまで
食虫植物のひみつ
ヒマワリのかんさつ
イネの一生
高山植物の一年
サクラの一年
ヘチマのかんさつ
サボテンのふしぎ
キノコの世界
たねのゆくえ
コケの世界
ジャガイモ
植物は動いている
水草のひみつ
紅葉のふしぎ
ムギの一生
ドングリ
花の色のふしぎ

動物・鳥

カエルのたんじょう
カニのくらし
ツバメのくらし
サンゴ礁の世界
たまごのひみつ
カタツムリ
モリアオガエル
フクロウ
シカのくらし
カラスのくらし
ヘビとトカゲ
キツツキの森
森のキタキツネ
サケのたんじょう
コウモリ
ハヤブサの四季
カメのくらし
メダカのくらし
ヤマネのくらし
ヤドカリ

天文・地学

月をみよう
雲と天気
星の一生
きょうりゅう
太陽のふしぎ
星座をさがそう
惑星をみよう
しょうにゅうどう探検
雪の一生
火山は生きている
水 めぐる水のひみつ
塩 海からきた宝石
氷の世界
鉱物 地底からのたより
砂漠の世界
流れ星・隕石